はじめに

　このプリント集は、子どもたち自らアクティブに問題を解き続け、学習できるようになる姿をイメージして生まれました。

　どこから手をつけてよいかわからない。問題とにらめっこし、かたまってしまう。

　えんぴつを持ってみたものの、いつのまにか他のことに気がいってしまう…。

　そんな場面をなくしたい。

　子どもは1年間にたくさんのプリント出会います。できるかぎりよいプリントと出会ってほしいと思います。

　子どもにとって、よいプリントとは何でしょう?

　それは、サッとやりはじめ、ふと気がつけばできている。スイスイ、エスカレーターのようなしくみのあるプリントです。

　「いつのまにか、できるようになった!」「もっと続きがやりたい!」

と、子どもがワクワクして、自ら次のプリントを求めるのです。

　「もっとムズカシイ問題を解いてみたい!」

と、子どもが目をキラキラと輝かせる。そんな子どもたちの姿を思い描いて編集しました。

　プリント学習が続かないことには理由があります。また、プリント1枚ができないことには理由があります。

　数の感覚をつかむ必要性や、大人が想像する以上にスモールステップが必要であったり、同時に考えなければならない問題があったりします。

　教科書問題を解くために、数多くのスモールステップ問題をつくりました。

　少しずつ、「できることを増やしていく」プリント集。

　子どもが自信をつけていき、学ぶことが楽しくなるプリント集。

　ぜひ、このプリント集を使ってみてください。

　子どもたちがワクワク、キラキラして、プリントに取り組んでいる姿が、目の前でひろがりますように。

藤原　光雄

✐シリーズ全巻の特長✐

◎子どもたちの学びの基本である教科書を中心に学習

○教科書で学習した内容を　思い出す、確かめる。
○教科書で学習した内容を　試してみる、使えるようにする。
○教科書で学習した内容を　できるようにする、自分のものにする。
○教科書で学習した内容を　説明できるようにする。

プリントを使うときに、そって声をかけてあげてください。

- 「何がわかればいい？」
- 「ここまでは大丈夫？」
- 「どうしたらいいと思う？」
- 「次は何をすればいいのかな？」
- 「図でかくとどんな感じ？」
- 「どれくらいわかっている？」

◎算数科６年間の学びをスパイラル化！

算数科６年間の学習内容を、スパイラルを意識して配列しています。
予習や復習、発展的な課題提供として、ほかの学年の巻も使ってみてください。

✐このプリントの特長✐

○はじめの一歩をわかりやすく！

自学にも活用できるように、ヒントとなるように、うすい字でやり方や答えがかいてあります。なぞりながら答え方を身につけてください。

○ゆったり＆たっぷりの問題数！

問題を精選し、教科書の学びを身につけるための問題数をもりこみました。教科書のすみずみまで学べる問題や、標準的な学力の形成のために必要な習熟問題もたっぷり用意しています。

○数感覚から解き方が身につく！

問題を解くための数の感覚や、図形のとらえ方の感覚を大切にして問題を配列しています。

朝学習、スキマ学習、家庭学習など、さまざまな学習の場面で活用できます。
解答のページは「キリトリ線」を入れ、はずして答えあわせができます。

もくじ 　小学 4 年生

◎ 次の折れ線グラフを見て答えましょう。

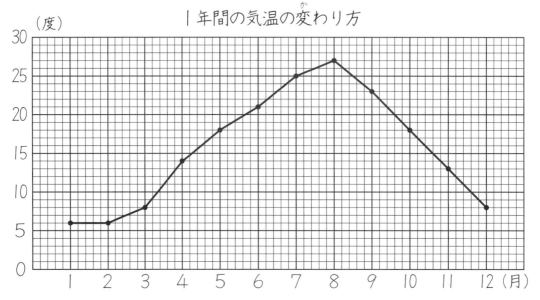

1年間の気温の変わり方

① 横のじく、たてのじくは何を表していますか。

横（　　月　　）　たて（　　気温　　）

② たてのじくの1めもり分は、何度を表していますか。

（　　　　　　　　）

③ 3月の気温は、何度ですか。

（　　　　　　　　）

④ 気温が18℃なのは、何月と何月ですか。

（　　　　　　　　）

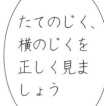

たてのじく、横のじくを正しく見ましょう

⑤ いちばん高い気温は何度で、それは何月ですか。

（　　　　　　　　）で（　　　　　　　　）

4

❀ 次の折れ線グラフを見て答えましょう。

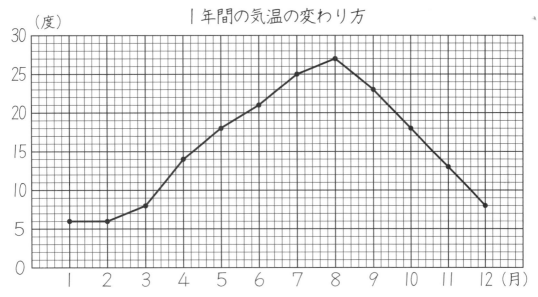

1年間の気温の変わり方

① 気温が上がっているのは、何月から何月までですか。

(2月から8月まで)

② 気温が下がっているのは、何月から何月までですか。

(　　　　　　　　　　)

③ 気温が変わっていないのは、何月から何月までですか。

(　　　　　　　　　　)

④ 気温の上がり方がいちばん大きいのは、何月から何月の間ですか。

(　　　　　　　　　　)

⑤ 気温の下がり方がいちばん小さいのは、何月から何月の間ですか。

(　　　　　　　　　　)

1　次の表を折れ線グラフにしましょう。

1年間の気温の変わり方（シドニー）

月	1	2	3	4	5	6	7	8	9	10	11	12
温度（度）	22	22	21	18	15	13	12	13	15	18	19	21

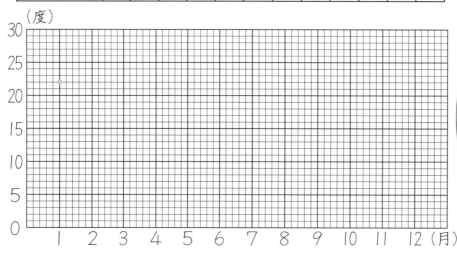

1つ1つたしかめながら、点を打つ場所を決めていきましょう

2　次の表を折れ線グラフにしましょう。

1年間の気温の変わり方（高知）

月	1	2	3	4	5	6	7	8	9	10	11	12
温度（度）	6	8	11	16	20	23	27	28	25	20	14	9

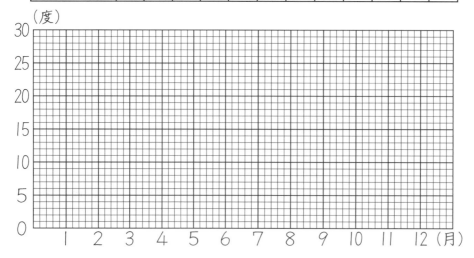

❀ 次の表を折れ線グラフにしましょう。たてのじくには、いちばん高い身長が表せるようにめもりをかきましょう。

マリーさんの身長の変わり方　　　（4月調べ）

年（さい）	6	7	8	9	10	11	12	13	14
身長（cm）	115	119	124	129	136	140	146	150	152

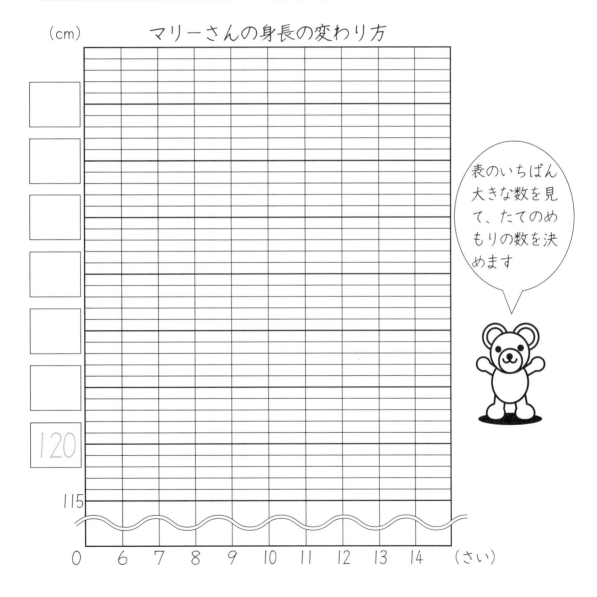

（cm）　　　　マリーさんの身長の変わり方

表のいちばん大きな数を見て、たてのめもりの数を決めます

7

ある町の8月に、熱中しょうにかかった人数をぼうグラフに、その日の最高気温を折れ線グラフに表しました。

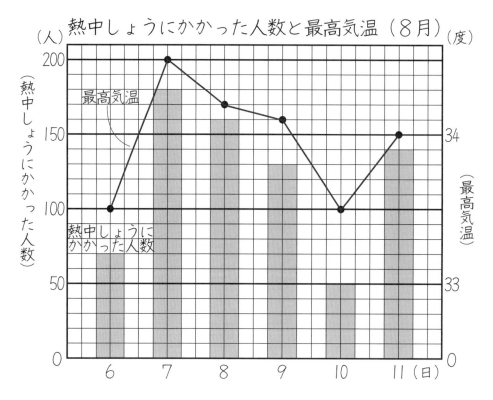

熱中しょうにかかった人数と最高気温（8月）

① 7日に熱中しょうにかかったのは、何人ですか。

(180 人)

② ①の日の最高気温は何度ですか。

( )

③ 最高気温が、前の日から1度上がった日があります。
このとき熱中しょうにかかった人数は何人ふえましたか。

( )

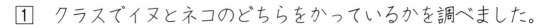

1 クラスでイヌとネコのどちらをかっているかを調べました。

ペット調べ　　　　　（人）

		イヌ		合計
		かっている	かっていない	
ネコ	かっている	4	11	15
	かっていない	9	10	19
	合計	13	21	34

① イヌとネコを両方かっている人は何人ですか。

（　4人　）

② イヌをかっている人は、全部で何人ですか。

（　　　　）

③ クラスの人数は全部で何人ですか。　（　　　　）

2 クラスでトマトとナスが好きかきらいかを調べました。

野菜の好ききらい調べ

	トム	ケン	サム	ジム	ベン	アン	メイ	ロブ
トマト	×	○	○	×	○	×	○	○
ナス	○	×	○	○	○	×	○	×

○…好き　　×…きらい

野菜の好ききらい調べ（人）

		トマト		合計
		○	×	
ナス	○	下	丁	
	×	丁		
	合計			

① 調べた記録を正の字を使って数え、表に数をかきましょう。

② トマトもナスも好きな人は何人ですか。　（　　　　）

③ トマトもナスもきらいな人は何人ですか。　（　　　　）

1 次の図を見て、問いに答えましょう。

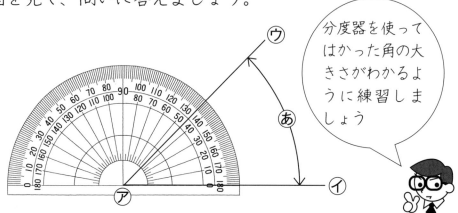

分度器を使ってはかった角の大きさがわかるように練習しましょう

① 分度器は、角の大きさをはかる道具です。角の大きさのことをほかに何といいますか。

（　　　　　）

② 分度器のめもりは、0°から何度まであ"りますか。

（　　　　　）

③ あの角の大きさは何度ですか。

（　　　　　）

2 次のあの角の大きさは何度ですか。それぞれ正しい方に○をつけましょう。

① （ 60°、120° ）　　② （ 50°、130° ）

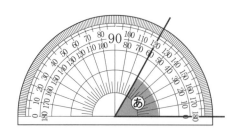
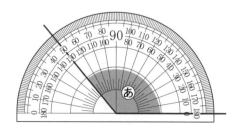

10

❀ 次の色のついた角度は何度ですか。

①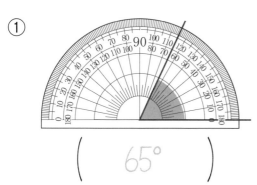

(65°)

②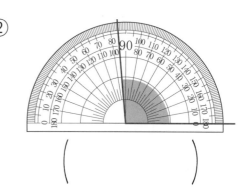

(　　　)

③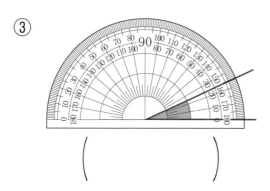

(　　　)

④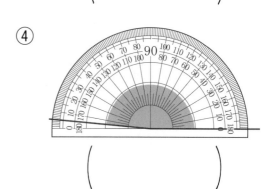

(　　　)

⑤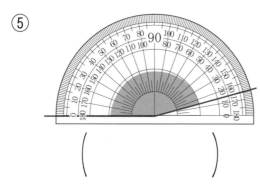

(　　　)

⑥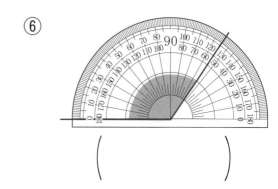

(　　　)

⑦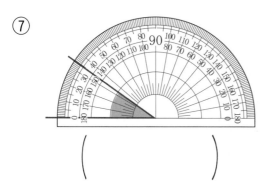

(　　　)

⑧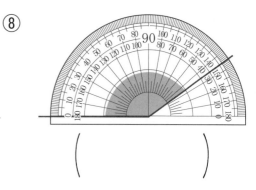

(　　　)

次の角度をかきましょう。

① 40°

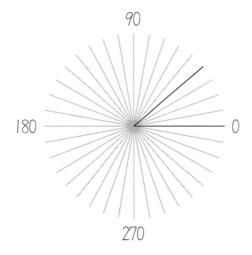

② 60°

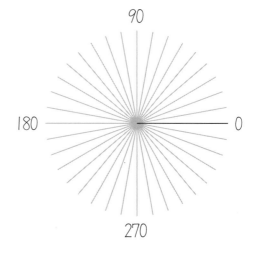

③ 110°

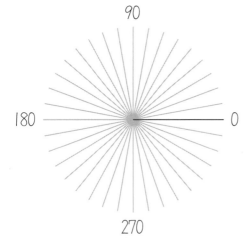

④ 170°

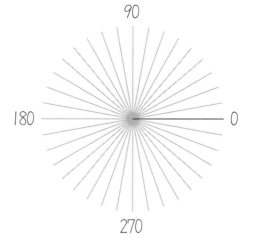

1 ①～④の角度はそれぞれ何度ですか。また、何直角ですか。

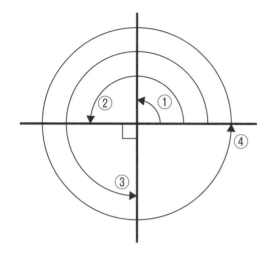

① (　　　　　) (　　　直角)

② (　　　　　) (　　　直角)

③ (　　　　　) (　　　直角)

④ (　　　　　) (　　　直角)

2 次の色のついた角度をはかります。①、②の
はかり方を見て、それぞれにあう式を、
㋐～㋓の記号で答えましょう。

180°とどれだけあるか
はたし算、360°からど
れだけ少ないかはひき
算ではかれます

①

120°

(　　　)

②

60°

(　　　)

㋐　180＋60

㋑　180＋120

㋒　360－60

㋓　360－120

◉ 次の色のついた角度は何度ですか。

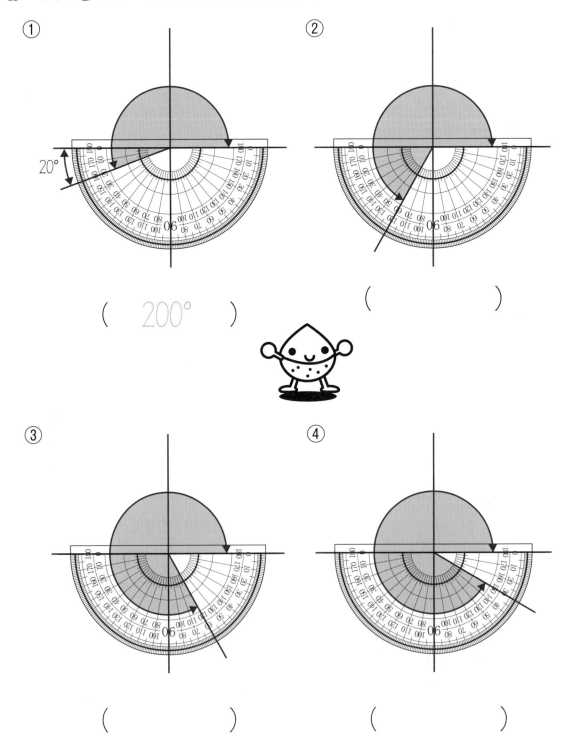

① 20°

(200°)

②

( )

③

( )

④

( )

14

次の角度をかきましょう。

① 220°

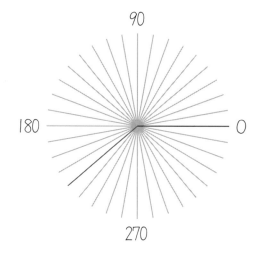

② 250°

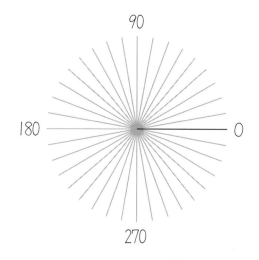

③ 290°

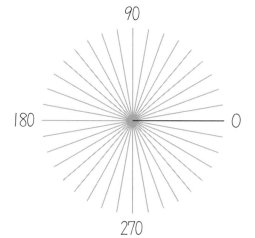

④ 340°

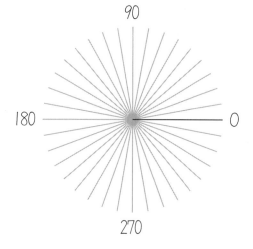

次の色のついた角度は何度ですか。

①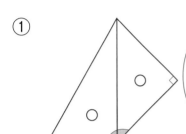

三角じょうぎの角度は、30°、60°、90°と45°、45°、90°です

式 90＋45＝

答え _____

②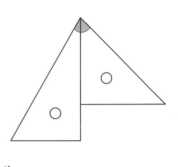

式

答え _____

③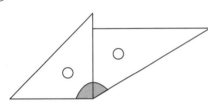

式

答え _____

④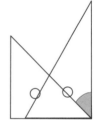

式

答え _____

⑤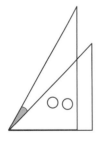

式

答え _____

⑥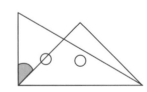

式

答え _____

次の図の㋐と㋑の角度は何度ですか。

①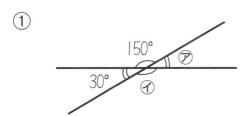

㋐ (30°) ㋑ (   )

②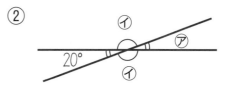

㋐ (   ) ㋑ (160°)

③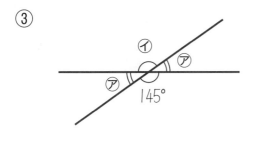

㋐ (   ) ㋑ (   )

④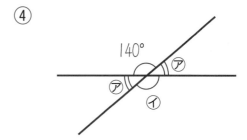

㋐ (   ) ㋑ (   )

⑤

㋐ (   ) ㋑ (   )

⑥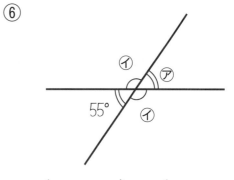

㋐ (   ) ㋑ (   )

1 80まいの色紙を、4人で同じ数ずつ分けます。
　 1人分は何まいになりますか。

式　$80 \div 4 = 20$

答え　20 まい

2 600まいの色紙を、3人で同じ数ずつ分けます。
　 1人分は何まいになりますか。

式

答え

3 10の束、100の束を考えて、次の計算を
しましょう。

① $40 \div 2 = 20$　　② $60 \div 3 =$

③ $100 \div 5 =$　　④ $120 \div 3 =$

⑤ $400 \div 8 =$　　⑥ $250 \div 5 =$

⑦ $1500 \div 3 =$　　⑧ $3200 \div 4 =$

⑨ $2000 \div 5 =$　　⑩ $3000 \div 5 =$

九九を使って
大きい数の
わり算を計算
しましょう

1 42まいの色紙を、3人で同じ数ずつ分けます。
1人分は何まいになりますか。

  　30

  　12

十の位の計算	たてる	4÷3
	かける	3×1
	ひく	4－3

```
  1
3)4 2
  3 ↓
  1
```
おろす

一の位の計算	たてる	12÷3
	かける	3×4
	ひく	12－12

```
  1 4
3)4 2
  3
  1 2
  1 2
    0
```

式　42÷3＝14

答え　14 まい

2 次の計算をしましょう。

①
```
  1 5
4)6 0
  4
  2 0
  2 0
    0
```

②
```
3)7 5
```

③
```
6)9 0
```

わり算の筆算（÷1けた）③

名前

1　64まいの色紙を、3人で同じ数ずつ分けます。1人分は何まいになって、何まいあまりますか。

十の位の計算	たてる	6÷3
	かける	3×2
	ひく	6－6

一の位の計算	たてる	4÷3
	かける	3×1
	ひく	4－3

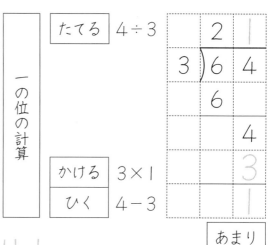

おろす

あまり

式　64÷3＝21あまり1

答え　1人分は21まい、あまり1まい

2　次の計算をしましょう。

①

②

③

20

🌸 次の計算をしましょう。

①

たてる、
かける、
ひく、
おろすの
リズムで

②
$3 \overline{)8\ 1}$

③
$5 \overline{)6\ 5}$

④
$3 \overline{)7\ 2}$

⑤
$8 \overline{)9\ 6}$

⑥
$4 \overline{)8\ 8}$

⑦
$4 \overline{)6\ 8}$

⑧
$4 \overline{)9\ 2}$

⑨
$3 \overline{)7\ 8}$

◎ 次の計算をしましょう。

①

$4 \overline{)8\ 6}$

②

$3 \overline{)6\ 4}$

わる数と
わられる
数の大き
さをくら
べると商
のたつ位
がわかり
ます

③

$3 \overline{)6\ 5}$

④

$3 \overline{)6\ 8}$

⑤

$4 \overline{)8\ 5}$

⑥

$2 \overline{)8\ 5}$

⑦

$2 \overline{)6\ 9}$

⑧

$4 \overline{)8\ 2}$

⑨

$3 \overline{)6\ 1}$

1 それぞれの式の答えを何といいますか。□にかきましょう。

① 5 ＋ 9 ＝ 14 和

② 15 － 10 ＝ 5 差

③ 6 × 3 ＝ 18 積

④ 16 ÷ 4 ＝ 4 商

⑤ 8 － 4 ＝ 4 □

⑥ 10 ＋ 9 ＝ 19 □

⑦ 12 ÷ 4 ＝ 3 □

⑧ 9 × 3 ＝ 27 □

2 次のけん算の式をかきましょう。

① 9 ÷ 2 ＝ 4 あまり 1

けん算　式　2 × 4 ＋ 1 ＝ 9
　　　　　わる数　商　あまり　わられる数

② 16 ÷ 5 ＝ 3 あまり 1

けん算　式

③ 20 ÷ 7 ＝ 2 あまり 6

けん算　式

④ 98 ÷ 5 ＝ 19 あまり 3

けん算　式

◎ 次の計算をしましょう。

①

```
     1 4 6
5 ) 7 3 0
    5
    2 3
    2 0
      3 0
      3 0
        0
```

②

```
6 ) 8 1 6
```

③

```
3 ) 8 2 5
```

百の位から商が
たつか、順に調
べていきます

④

```
3 ) 7 3 5
```

⑤

```
4 ) 9 0 8
```

⑥

```
6 ) 7 0 2
```

24

◎ 次の計算をしましょう。

①

```
      2 1 0
   4 ) 8 4 3
     8
       4
       4
         3
         0
         3
```

②

```
   4 ) 8 5 0
```

③

```
   7 ) 9 1 9
```

わる数より、わられる数が小さいとき、商は0にします

④

```
   3 ) 9 1 6
```

⑤

```
   8 ) 8 1 5
```

⑥

```
   4 ) 6 8 2
```

次の計算をしましょう。

①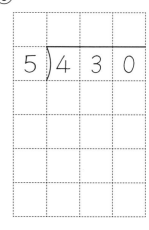

4) 2 5 2

② 5) 3 2 0

③ 5) 4 3 0

④ 5) 4 2 5

⑤ 3) 2 6 7

⑥ 6) 2 8 8

⑦ 6) 2 1 6

⑧ 8) 2 4 8

⑨ 9) 5 4 0

26

3 わり算の筆算（÷1けた）⑩ 名前

◎ 次の計算をしましょう。

①

```
        9 5
   4 ) 3 8 2
        3 6
        2 2
        2 0
          2
```

②

```
   5 ) 4 8 3
```

③

```
   7 ) 4 8 0
```

④

```
   6 ) 5 6 5
```

⑤

```
   8 ) 2 6 3
```

⑥

```
   9 ) 7 8 9
```

⑦

```
   7 ) 6 8 7
```

⑧

```
   8 ) 7 9 0
```

⑨

```
   9 ) 8 6 8
```

1 次の図の直角に交わっているところに、○をつけましょう。

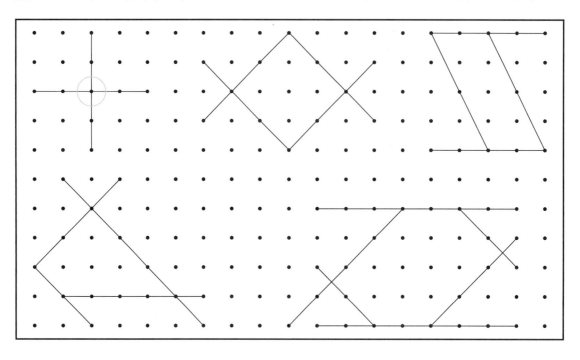

2 ⑦〜㋖の中で、Aの直線に垂直な線に、○をつけましょう。

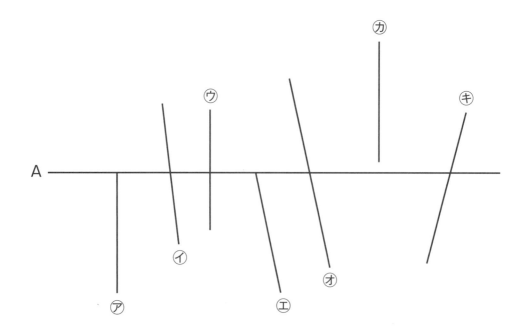

1 平行になっている直線は、どれとどれですか。

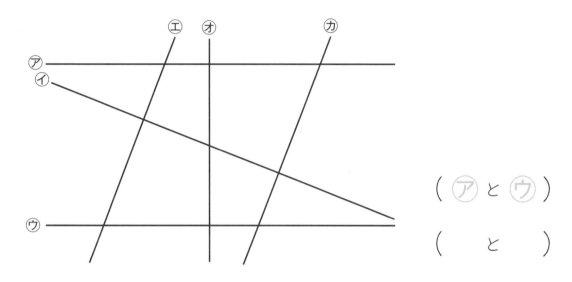

(⑦ と ⑨)

(　 と 　)

2 次の図を見て答えましょう。

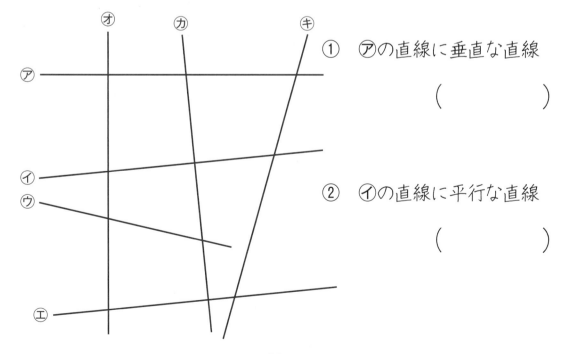

① ⑦の直線に垂直な直線

(　　　)

② ⑦の直線に平行な直線

(　　　)

1 点⑦と①をそれぞれ通る、Aの直線に垂直な直線を、三角じょうぎを2つ使ってひきましょう。

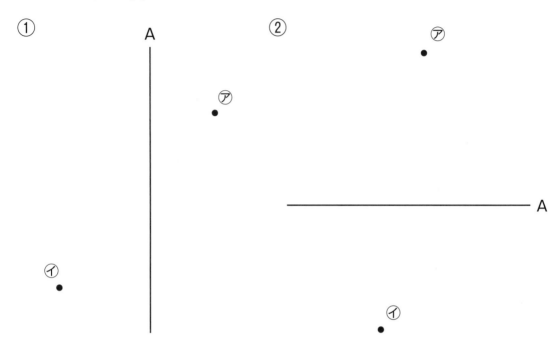

① ②

2 点⑦を通る、Aの直線に垂直な直線を、三角じょうぎを2つ使ってひきましょう。

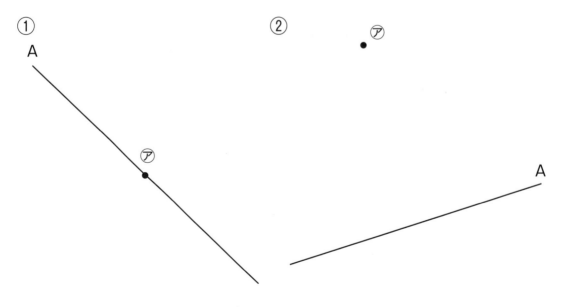

① ②

1　点⑦を通る、Aの直線に平行な直線を、三角じょうぎを2つ使ってひきましょう。

① ② A ⑦

2　点⑦を通る、Aの直線に平行な直線を、三角じょうぎを2つ使ってひきましょう。

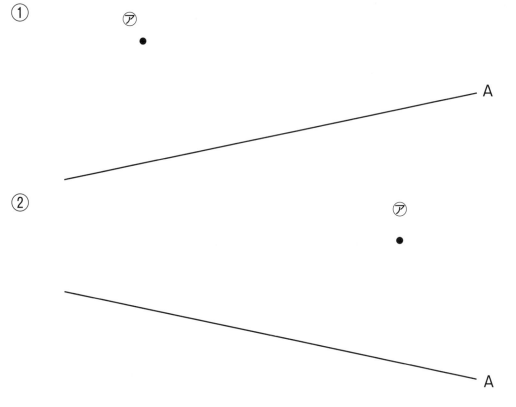

① ⑦

② ⑦

1　AとBの直線は平行です。⑦と④の角度は何度ですか。

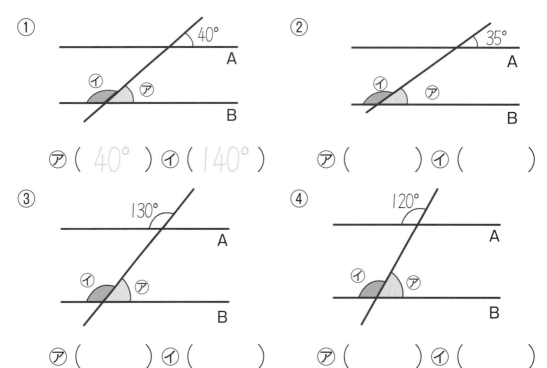

①　⑦（ 40° ）④（ 140° ）　　②　⑦（　）④（　）

③　⑦（　）④（　）　　④　⑦（　）④（　）

2　A、B、Cの直線は平行です。⑦～⑨の角度は何度ですか。

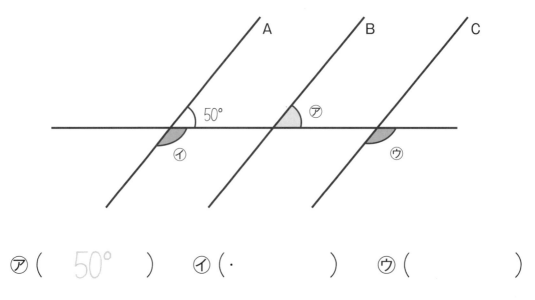

⑦（　50°　）　④（・　）　⑨（　）

1　AとB、CとDの直線はそれぞれ平行です。⑦〜⑦の角度は何度ですか。

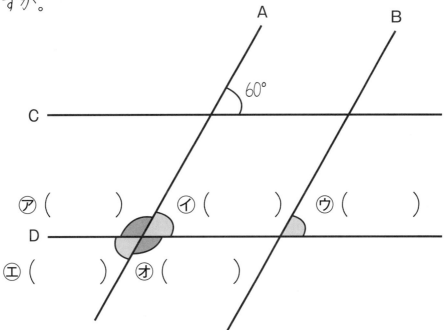

⑦ (　　　　)　　⑦ (　　　　)　　⑦ (　　　　)

⑦ (　　　　)　　⑦ (　　　　)

2　A、B、Cの直線は平行です。⑦〜⑦の角度は何度ですか。

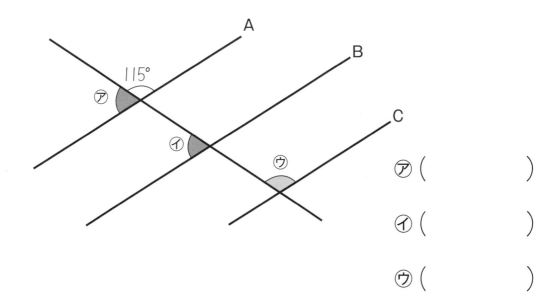

⑦ (　　　　　　)

⑦ (　　　　　　)

⑦ (　　　　　　)

5 いろいろな四角形 ①

名前

1 次の図をなぞり、平行四辺形をかきましょう。

2 次の図の線に続けて、平行四辺形をかきましょう。

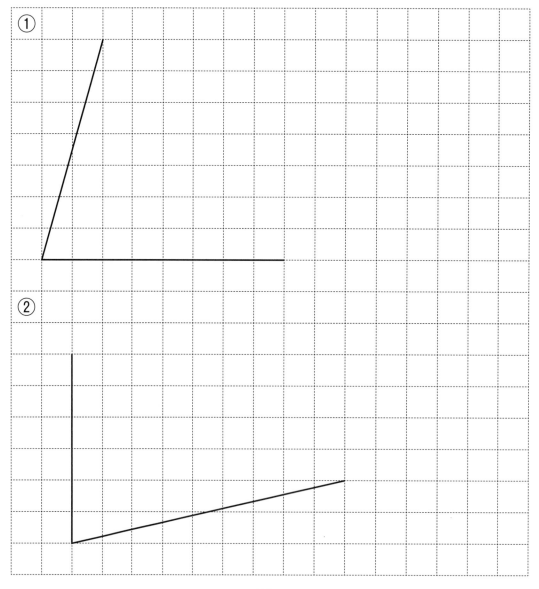

① ②

1 次の平行四辺形について答えましょう。

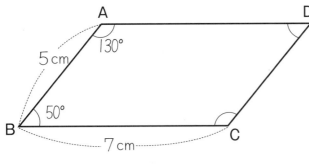

① 辺AD、辺CDの長さは何cmですか。

辺AD（ 7 cm ）

辺CD（　　　　）

② 角C、角Dの大きさは何度ですか。

角C（ 130° ）

角D（　　　　）

向かいあう辺の長さ、角の大きさは同じになります

2 次の平行四辺形について答えましょう。

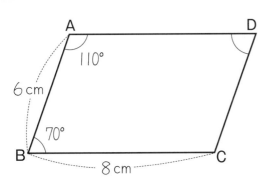

① 辺ADの長さは何cmですか。

（　　　　）

② 角Dの大きさは何度ですか。

（　　　　）

③ まわりの長さは何cmですか。

（　　　　）

3 次の平行四辺形を分度器とコンパスを使ってかきましょう。

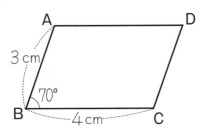

5 いろいろな四角形 ③ 名前

1 次の図の線に続けて、台形をかきましょう。

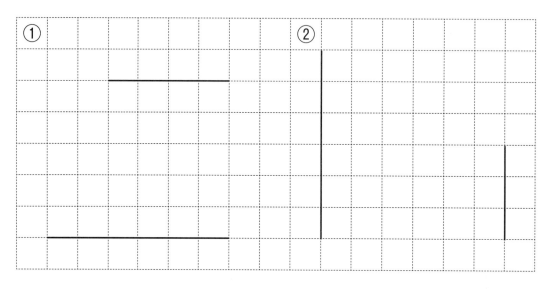

① ②

2 次の図の線に続けて、ひし形をかきましょう。

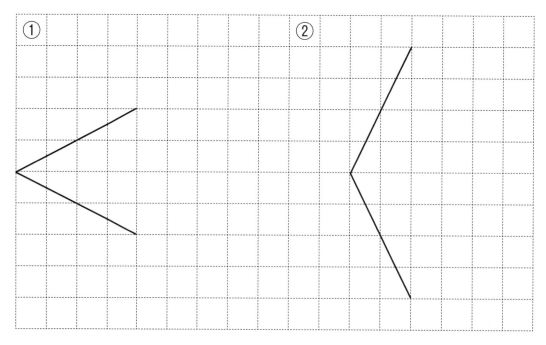

① ②

1 次のひし形について答えましょう。

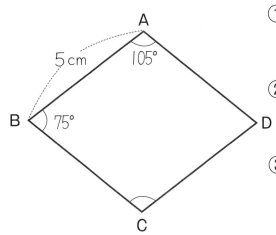

① 辺BCの長さは何cmですか。

(　　　　cm)

② 角Cの大きさは何度ですか。

(　　　　　)

③ まわりの長さは何cmですか。

式 5×4＝

(　　　　　)

2 ひし形と正方形について表にまとめましょう。

	辺の長さ	角の大きさ
正方形	全て等しい	全て等しい、90°
ひし形	全て等しい	向かい合う角は等しい

3 次のひし形について答えましょう。

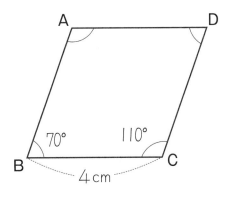

① 辺AB、辺CD、辺ADの長さは何cmですか。

辺AB (　　　　　)

辺CD (　　　　　)

辺AD (　　　　　)

② 角A、角Dの大きさは何度ですか。

角A (　　　　) 角D (　　　　　)

37

① 1辺の長さが4cmのひし形を、分度器やコンパスを使い、図をもとにしてかきましょう。

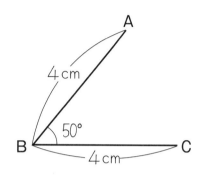

4つの辺の長さが同じになるように作図します

② 次の図のように半径が等しい円をコンパスで2つかき、交わった点と円の中心を直線でつないで、ひし形をかきましょう。

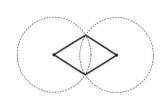

対角線が次のようになる四角形の名前をかきましょう。

①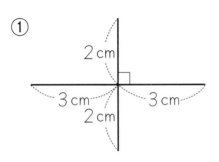

（　ひし形　）

②

（平行四辺形）

③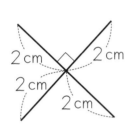

（　正方形　）

④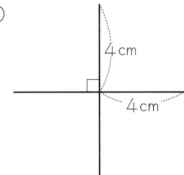

（　　　　　　）

⑤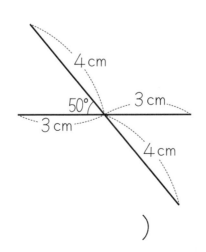

（　　　　　　）

⑥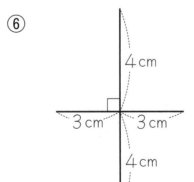

（　　　　　　）

39

◎ 次のような四角形を分度器やコンパスを使ってかきましょう。

① 平行四辺形

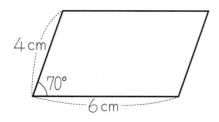

② 台形

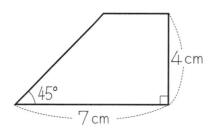

③ ひし形

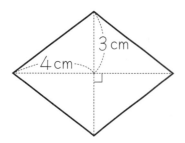

40

図の⑦〜⑦の四角形の名前を表にかきました。それぞれの四角形の特ちょうに、いつでもあてはまるものに○をつけましょう。

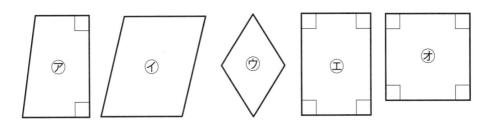

四角形の特ちょう ＼ 四角形の名前	⑦ 台形	⑦ 平行四辺形	⑦ ひし形	⑦ 長方形	⑦ 正方形
２本の対角線が垂直である			○		○
２本の対角線の長さが等しい					
２本の対角線がそれぞれの真ん中の点で交わる					
４つの角がみんな直角					
向かい合った２組の辺が平行である					
４つの辺の長さがみんな等しい					

それぞれの四角形の特ちょうを説明できるようにしましょう

41

1　123459876という数について答えましょう。

一億の位	千万の位	百万の位	十万の位	一万の位	千の位	百の位	十の位	一の位
1	2	3	4	5	9	8	7	6

①　3は、何が3こあることを表していますか。

（　百万　）

②　8は、何が8こあることを表していますか。

（　　　　）

③　この数を漢数字でかいて読みましょう。

（一億 二千三百四十五万 九千八百七十六）

2　次の数を漢数字でかいて読みましょう。

千	百	十	一	千	百	十	一	千	百	十	一
			億				万				

①

千	百	十	一	千	百	十	一	千	百	十	一
		7	2	8	6	5	3	3	0	0	0

②

千	百	十	一	千	百	十	一	千	百	十	一
		8	0	8	0	5	0	0	4	3	2

1 145780000000という数について答えましょう。

① 1と8は何の位ですか。

　ア 1は（ 千億の位 ）

　イ 8は（　　　　　　　）

② 百億の位の数字は何ですか。 （　　　　　　　）

③ 7は、何が7こあることを表していますか。（　　　　　　　）

4けたずつ区切るとわかりやすいです

2 732946000000という数について答えましょう。

① 7と4は何の位ですか。

　ア 7は（　　　　　　　）　イ 4は（　　　　　　　）

② 十億の位の数字は何ですか。 （　　　　　　　）

③ 3は、何が3こあることを表していますか。（　　　　　　　）

3 次の漢数字を数字でかきましょう。

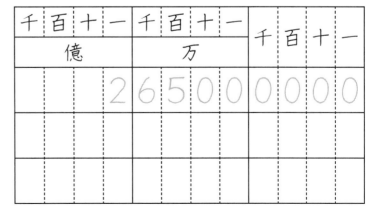

千	百	十	一	千	百	十	一	千	百	十	一
		億				万					
				2	6	5	0	0	0	0	0

① 二億六千五百万

② 十億三百九十八万

③ 四千五十億六十五万

43

◎ 次の9876500000000という数について答えましょう。

一兆の位	千億の位	百億の位	十億の位	一億の位	千万の位	百万の位	十万の位	一万の位	千の位	百の位	十の位	一の位
9	8	7	6	5	0	0	0	0	0	0	0	0

① 一兆を何こと、一億を何こあわせた数ですか。

　　一兆を（　　9　　）こと、一億を（　8765　）こ

② 一兆の10倍は、何といえばよいですか。　（　　　　　）

③ ②の数の10倍は、何といえばよいですか。（　　　　　）

④ 整数は位が1つ左へ進むごとに、何倍に
なっていますか。（　　　　　）

⑤ 8は、何が8こあることを表していますか。（　　　　　）

⑥ 5は、何が5こあることを表していますか。（　　　　　）

⑦ 漢数字でかいて読みましょう。

　（　　　　　　　　　　　　　　　　　）

⑧ 0をかき加えて10倍した数をかきましょう。

　（　　　　　　　　　　　　　　　　　）

1 次の数をかきましょう。

① 1兆を3こ、1億を4こ、1万を4こ、あわせた数。

3	0	0	0	4	0	0	0	4	0	0	0	0

② 1兆を120こ、1億を234こ、1万を135こ、あわせた数。

③ 1兆を1028こ、1億を303こ、1万を50こ、あわせた数。

2 次の（ ）にあてはまる数をかきましょう。

① 1億を200こ集めた数は（　200億　）です。

② 1億を4321こ集めた数は（　　　　　）です。

③ 1億を5004こ集めた数は（　　　　　）です。

④ 1兆は、1億の（　　　　　　　　）倍です。

⑤ 1兆を6こ、10億を4こあわせた数　（　6兆40億　）

⑥ 1兆を12こ、10億を10こあわせた数　（　　　　　）

⑦ 1兆を120こ、10億を100こあわせた数　（　　　　　）

⑧ 1兆を1000こ、10億を800こあわせた数　（　　　　　）

45

◎ 次の数直線で、（ ）にあてはまる数をかきましょう。

① (30億)( )

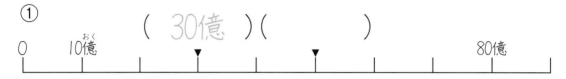

0　10億　　　　　　　　　　　　　　　　80億

② ( )　　　　　( )

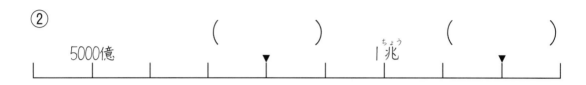

5000億　　　　　　　　　1兆

③ ( )　　　　　　　　　　( )

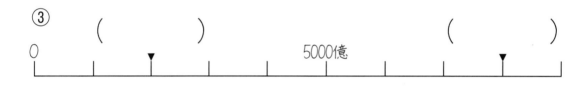

0　　　　　　5000億

④ ( )　　　　( )

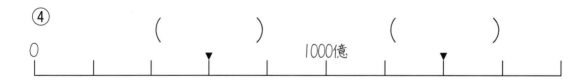

0　　　　　　1000億

⑤ ( )　　　　　　　( )

1兆　　　　　　　　　2兆

⑥ ( )　　　　　　　　　　　( )

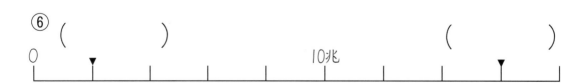

0　　　　　　10兆

⑦ ( )( )

0　　100兆　　200兆

1 次の（　）にあてはまる数をかきましょう。

① 10億を10倍した数　　　　　　　　　（　　100億　　）

② 20億を10倍した数　　　　　　　　　（　　　　　　）

③ 30億を10倍した数　　　　　　　　　（　　　　　　）

④ 1000億を10倍した数　　　　　　　　（　　　　　　）

⑤ 3000億を10倍した数　　　　　　　　（　　　　　　）

⑥ 8000億を10倍した数　　　　　　　　（　　　　　　）

2 次の（　）にあてはまる数をかきましょう。

① 10億を$\frac{1}{10}$にした数　　　　　　　　（　　1億　　）

② 40億を$\frac{1}{10}$にした数　　　　　　　　（　　　　　）

③ 80億を$\frac{1}{10}$にした数　　　　　　　　（　　　　　）

④ 1兆を$\frac{1}{10}$にした数　　　　　　　　（　　　　　）

⑤ 5兆を$\frac{1}{10}$にした数　　　　　　　　（　　　　　）

⑥ 8兆を$\frac{1}{10}$にした数　　　　　　　　（　　　　　）

1 60まいの色紙を 1人に20まいずつ分けます。
何人に分けられますか。

式 $60 \div 20$

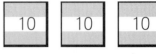

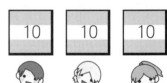

答え _____

※ 色紙を10まいの束(たば)で考えると、6束を、2束ずつ分けるので、
6÷2＝3（人）とすることができます。

商の位置(いち)
↓

　80÷20の計算は、10のかたまりで
考えると、8÷2と同じです。
　商4をたて、20×4＝80（かける）
80−80＝0（ひく）をします。

			4	
2	0	8	0	
		8	0	
			0	

　96÷32の計算も、10のかたまりで
考えると、9÷3となります。
　商を3と見当をつけます。
あとは、今までと同じで
（たてる）→（かける）→（ひく）
をします。

			3	
3	2	9	6	
		9	6	
			0	

◎　次の計算をしましょう。

①
$$20\overline{)40}$$

②
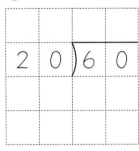
$$20\overline{)60}$$

③
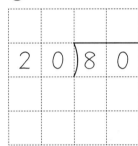
$$20\overline{)80}$$

④
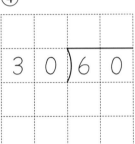
$$30\overline{)60}$$

⑤
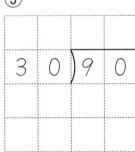
$$30\overline{)90}$$

⑥
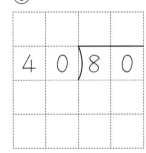
$$40\overline{)80}$$

⑦
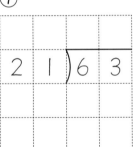
$$21\overline{)63}$$

⑧
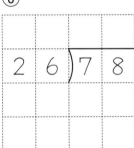
$$26\overline{)78}$$

⑨
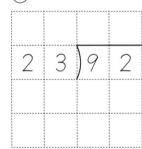
$$23\overline{)92}$$

⑩
$$38\overline{)76}$$

⑪
$$36\overline{)72}$$

⑫
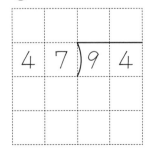
$$47\overline{)94}$$

49

◎ 次の計算をしましょう。

①
```
        2
2 0 ) 4 2
      4 0
        2
```

②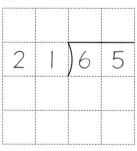

③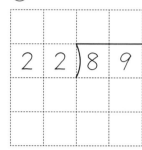

④
```
2 1 ) 8 6
```

⑤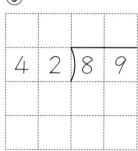

⑥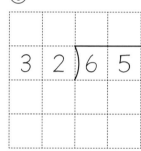

⑦
```
4 0 ) 9 1
```

⑧
```
2 0 ) 7 2
```

⑨
```
3 0 ) 7 5
```

⑩
```
4 4 ) 9 0
```

⑪
```
2 3 ) 7 0
```

⑫
```
2 1 ) 8 8
```

50

次の計算をしましょう。

①
```
   )
27 81
```

②
```
   )
18 72
```

③
```
   )
14 42
```

④
```
   )
16 64
```

⑤
```
   )
17 68
```

⑥
```
   )
19 38
```

⑦
```
   )
18 90
```

⑧
```
   )
15 60
```

⑨
```
   )
17 85
```

⑩
```
   )
14 56
```

⑪
```
   )
16 48
```

⑫
```
   )
24 72
```

51

次の計算をしましょう。

①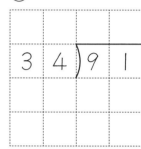

4 4) 8 5

②

2 4) 8 2

③

3 4) 9 1

④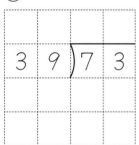

3 9) 7 3

⑤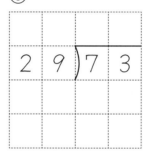

2 9) 7 3

⑥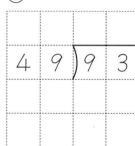

4 9) 9 3

⑦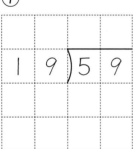

1 9) 5 9

⑧

1 5) 7 9

⑨

1 3) 8 0

⑩

1 8) 4 1

⑪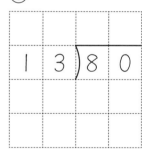

2 9) 8 1

⑫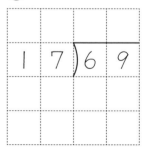

1 7) 6 9

◎ 次の計算をしましょう。

①
```
      7
21)147
   147
     0
```

② 41)287

③ 71)355

④ 23)138

⑤ 34)204

⑥ 43)344

⑦ 31)156

⑧ 23)139

⑨ 52)314

⑩ 42)129

⑪ 64)388

⑫ 21)129

7 わり算の筆算（÷2けた）⑦

名前

次の計算をしましょう。

①
35)245

②
69)483

③
57)456

④
18)108

⑤
16)112

⑥
19)152

⑦
25)155

⑧
18)168

⑨
17)138

⑩
32)315

⑪
16)150

⑫
14)135

次の計算をしましょう。

①
$$32 \overline{\smash{)}416}$$

②
$$24 \overline{\smash{)}528}$$

③
$$26 \overline{\smash{)}546}$$

④
$$41 \overline{\smash{)}738}$$

⑤
$$34 \overline{\smash{)}816}$$

⑥
$$49 \overline{\smash{)}784}$$

⑦
$$46 \overline{\smash{)}736}$$

⑧
$$67 \overline{\smash{)}871}$$

⑨
$$57 \overline{\smash{)}969}$$

✿ 次の計算をしましょう。

①

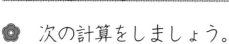

21) 369

②

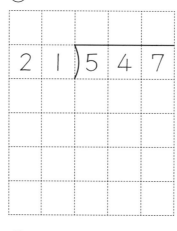

21) 547

③

28) 684

④

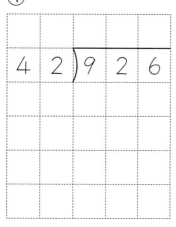

42) 926

⑤

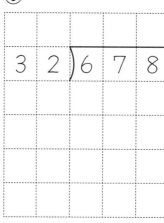

32) 678

⑥

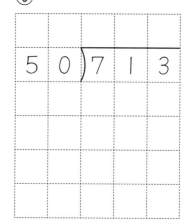

50) 713

⑦

24) 758

⑧

54) 707

⑨

25) 320

765÷25 の計算は、次のように省（はぶ）くことができます。

```
        3 0
2 5 ) 7 6 5
      7 5
      1 5
        0       } 省ける
      1 5
```

⇒

```
        3 0
2 5 ) 7 6 5
      7 5
      1 5
```

❀ 次の計算をしましょう。

①
```
        4 0
2 3 ) 9 3 1
      9 2
        1 1
```

②
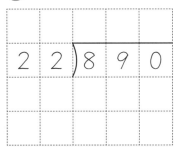
```
2 2 ) 8 9 0
```

③
```
3 2 ) 6 5 2
```

④
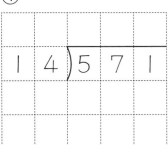
```
1 4 ) 5 7 1
```

⑤
```
2 3 ) 9 3 4
```

⑥
```
3 3 ) 6 7 8
```

57

1 一の位を四捨五入して、約何十のがい数にしましょう。

① 41 は（約 40 ）　　② 45 は（約　　）

③ 52 は（約　　）④ 56 は（約　　）

⑤ 63 は（約　　）　　⑥ 67 は（約　　）

⑦ 74 は（約　　）　　⑧ 77 は（約　　）

2 十の位を四捨五入して、約何百のがい数にしましょう。

① 145 は（約 100 ）　　② 52 は（約　　）

③ 239 は（約　　）　　④ 248 は（約　　）

⑤ 450 は（約　　）　　⑥ 551 は（約　　）

⑦ 673 は（約　　）　　⑧ 782 は（約　　）

3 百の位を四捨五入して、約何千のがい数にしましょう。

① 1200 は（約 1000 ）　　② 1399 は（約　　）

③ 1380 は（約　　）　　④ 1490 は（約　　）

⑤ 2099 は（約　　）　　⑥ 3501 は（約　　）

⑦ 4590 は（約　　）　　⑧ 4600 は（約　　）

⑨ 5802 は（約　　）　　⑩ 8090 は（約　　）

8 がい数 ②

名前

1　四捨五入して、一万の位までのがい数にします。四捨五入する
位に〇をつけましょう。

① 5⑧643　　　　　　② 279500

③ 3847650　　　　　④ 78654200

2　四捨五入して、一万の位までのがい数にしましょう。

① 1 3̇999

（約 10000　　　　）

② 9 8̇432

（約　　　　　　　）

③ 64999

（約　　　　　　　）

④ 71900

（約　　　　　　　）

⑤ 45300

（約　　　　　　　）

⑥ 66099

（約　　　　　　　）

3　四捨五入して、千の位までのがい数にしましょう。

① 45 3̇02

（約 45000　　　　）

② 29 5̇00

（約　　　　　　　）

③ 99500

（約　　　　　　　）

④ 89390

（約　　　　　　　）

⑤ 30600

（約　　　　　　　）

⑥ 84599

（約　　　　　　　）

59

① 上から１けたのがい数にします。四捨五入する位に○をつけましょう。

① 1②456370   ② 78450000

③ 23   ④ 57420

② 四捨五入して上から１けたのがい数にしましょう。

① 34̇5   ② 23̇90

（約 300   ）   （約   ）

③ 95289   ④ 456900

（約   ）   （約   ）

⑤ 949002   ⑥ 1987432

（約   ）   （約   ）

③ 四捨五入して上から２けたのがい数にしましょう。

① 34̇5   ② 23̇90

（約 350   ）   （約   ）

③ 95289   ④ 456900

（約   ）   （約   ）

⑤ 949002   ⑥ 1987432

（約   ）   （約   ）

1 四捨五入し、十の位までのがい数にします。30になる整数で、いちばん小さい数といちばん大きい数を答えましょう。

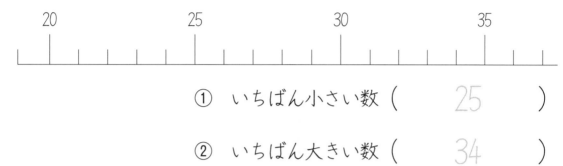

① いちばん小さい数 （ 25 ）

② いちばん大きい数 （ 34 ）

2 四捨五入し、十の位までのがい数にします。50になる整数で、いちばん小さい数といちばん大きい数を答えましょう。

① いちばん小さい数 （ ）

② いちばん大きい数 （ ）

3 一の位を四捨五入して150になる整数のはんいを、以上（いじょう）と未満（みまん）を使って表しましょう。

（ ）以上（ ）未満

未満に注意です
100未満なら100は
入りません

61

「だいたいの数が知りたい」ので、"およそ" の数にします

1 次の買い物をしたとき、だいたいいくらになりますか。

172円

あじせん
189円

クッキー
137円

①　どのようながい数にすればよいですか。
　　○をつけましょう。

（ ○ ）四捨五入
（ 　 ）切り上げ
（ 　 ）切り捨て

②　がい数にして計算しましょう。

式　200＋200＋100＝500

答え　約 500 円

2 次の買い物をしたとき、だいたいいくらになりますか。

1550円

980円

520円

①　どのようながい数にすればよいですか。
　　○をつけましょう。

（ 　 ）四捨五入
（ 　 ）切り上げ
（ 　 ）切り捨て

②　がい数にして計算しましょう。

式

答え　約

「たりないとこまる」ので、"多め" に見積もると安心です

① 次の買い物をしたとき、1000円でたりますか。

172円　　290円　　430円

① どのようながい数にすれ
ばよいですか。
　　○をつけましょう。

（　　　）四捨五入
（　○　）切り上げ
（　　　）切り捨て

② がい数にして計算しましょう。1000円でたりますか。

式　200＋300＋500＝1000

答え　たりる

② 次の買い物をしたとき、5000円でたりますか。

1400円　1800円　990円

① どのようながい数にすれ
ばよいですか。
　　○をつけましょう。

（　　　）四捨五入
（　　　）切り上げ
（　　　）切り捨て

② がい数にして計算しましょう。5000円でたりますか。

式

答え

「こえないとこまる」ので少なく見積もっても "こえる" と安心です

① 次の買い物をしたとき、1000円をこえますか。

 246円　せんざい 385円　520円

① どのようながい数にすればよいですか。
　　○をつけましょう。

（　　　）四捨五入

（　　　）切り上げ

（　○　）切り捨て

② がい数にして計算しましょう。1000円をこえますか。

式　200＋300＋500＝1000

答え　こえる

② 次の買い物をしたとき、10000円をこえますか。

 5900円　 3100円　 2500円

① どのようながい数にすればよいですか。
　　○をつけましょう。

（　　　）四捨五入

（　　　）切り上げ

（　　　）切り捨て

② がい数にして計算しましょう。10000円をこえますか。

式

答え

1　がい数で表してよいものに○をつけましょう。

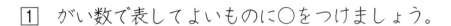

⑦（　）病気のときの体温

⑦（○）家から学校までの道のり

⑤（　）筆箱の代金

⑤（　）ねぶた祭りに来た人の人数

⑦（　）日本全国で１年間に出るごみの量

⑦（　）プロ野球の試合の１年間の入場者数

⑦（　）50m走の記録

⑦（　）Ａさんのクラスの出席者数

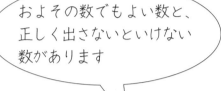
およその数でもよい数と、正しく出さないといけない数があります

2　１こ189円のりんごがあります。98こ分の代金はおよそ何円ですか。それぞれ四捨五入して上から１けたのがい数で計算しましょう。

がい数　式　200×100＝20000

答え＿＿＿＿＿＿＿

3　バスを１台借りると、37100円かかります。38人で借りるとき、１人分のバス代は、およそいくらですか。それぞれ四捨五入して、上から１けたのがい数で計算しましょう。

がい数　式　40000÷40＝1000

答え＿＿＿＿＿＿＿

① Aさんは150円のタマゴサンドと250円のカツサンドを買って、500円玉を出しました。おつりはいくらですか。

1つの式で表しましょう。

式　500－(150＋250)

（　）の中から先に計算します

答え　　　　　　　円

② 次の計算をしましょう。

①　500＋(350－150) ＝ 500 ＋ 200
　　　　　　　　　　　 ＝ 700

②　1000＋(800－300) ＝

③　500－(180＋120) ＝

④　1000－(270＋330) ＝

⑤　1000－(354－154) ＝

66

🌸　次の計算をしましょう。

①　$(180+120)×800＝$ $300 × 800$

②　$(200+150)×20＝$

③　$25×(120-80)＝$

④　$40×(800-550)＝$

⑤　$(200+300)÷50＝$

⑥　$(185+115)÷15＝$

⑦　$100÷(80-55)＝$

⑧　$400÷(100-20)＝$

9 計算のきまり ③

名前

① 1本20円のえんぴつを 3本買って、100円玉を出しました。
おつりはいくらですか。
1つの式に表して、答えを求めましょう。

式　$100-20\times3=100-60$

$=$

答え　　　　　　　円

② 次の計算をしましょう。

① $10-2\times3=10-6$

$=$

② $20-3\times4=$

③ $30-4\times5=$

④ $60+6\times5=$

⑤ $10+2\times3=$

68

9 計算のきまり ④

次の計算をしましょう。

① $5 \times 2 - 10 \div 5 = 10 - 2$
$=$

② $9 \times 2 - 20 \div 5 =$

③ $6 \div 2 + 3 \times 2 =$

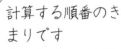
計算する順番のきまりです
1. ( ) の計算
2. ×か÷の計算
3. ＋か－の計算

④ $2 \times (10 - 10 \div 5) = 2 \times (10 - 2)$
$= 2 \times 8$
$=$

⑤ $3 \times (10 - 63 \div 9) =$

⑥ $(3 \times 5 - 5) \div 2 = (15 - 5) \div 2$
$= 10 \div 2$
$=$

⑦ $(4 \times 5 - 10) \div 5 =$

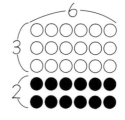

白い石と黒い石がならんでいます。

白い石は　3×6＝18こ

黒い石は　2×6＝12こ

で、白と黒の合計は（3＋2）×6＝30こ

です。

（3＋2）×6＝3×6＋2×6

数のかわりに　□、○、△で表すと

（□＋○）×△＝□×△＋○×△

（□－○）×△＝□×△－○×△

 □にあてはまる数をかきましょう。

① （10＋3）×6＝10×6＋ □ ×6

② （10－4）×5＝10×5－ □ ×5

③ 4×8＋3×8＝（4＋ □ ）×8

④ 7×3－2×3＝（7－ □ ）×3

❀ くふうして計算をしましょう。

① $37+\underline{8+12}=$

② $55+17+23=$

③ $10+\underline{0.2+1.8}=$

④ $9+3.2+2.8=$

⑤ $(3\times4)\times5=3\times(4\times5)$

$$=$$

⑥ $(7\times25)\times4=$

⑦ $(6\times4)\times25=$

71

1　どちらが広いですか。

① 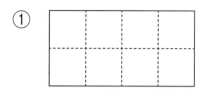 　　　②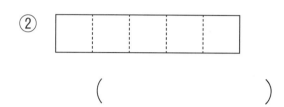

（　　　　　　　　　　　）

　｜辺が｜cmの正方形の面積を**｜平方センチメートル**（**｜cm²**）といいます。cm²は面積の単位です。

2　図形を次のように区切りました。

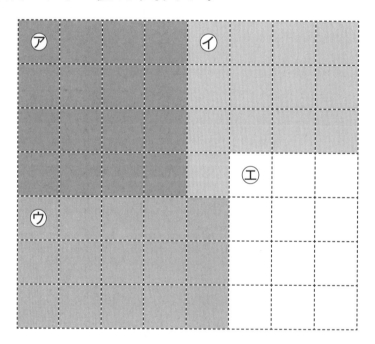

①　㋐～㋓で同じもようの正方形の数を調べ、面積を求めましょう。

㋐　＿＿＿＿cm²　㋑　＿＿＿＿＿　㋒　＿＿＿＿＿　㋓　＿＿＿＿＿

②　大きい順に答えましょう。

（　　　＞　　　＞　　　＞　　　）

◉ 次の正方形の面積を求めましょう。（１辺×１辺）

① １辺が２cmの正方形

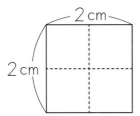

式　2 × 2 ＝

答え _____

② １辺が３cmの正方形

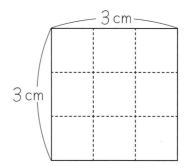

式

答え _____

③ １辺が８cmの正方形

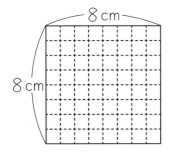

式

答え _____

④ １辺が10cmの正方形

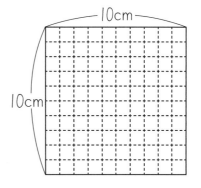

式

答え _____

◎ 次の長方形の面積を求めましょう。（たて×横）

① たて２cm、横４cm

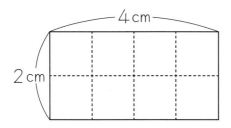

式　2 × 4 ＝

答え＿＿＿＿＿＿＿

② たて３cm、横５cm

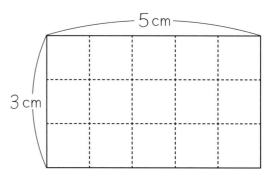

式

答え＿＿＿＿＿＿＿

③ たて４cm、横６cm

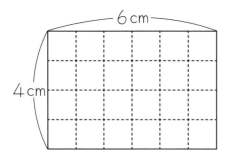

式

答え＿＿＿＿＿＿＿

④ たて８cm、横15cm

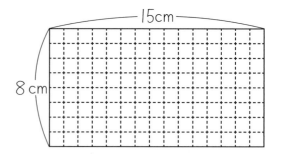

式

答え＿＿＿＿＿＿＿

74

❀ 次の図のような形の面積を求めましょう。

①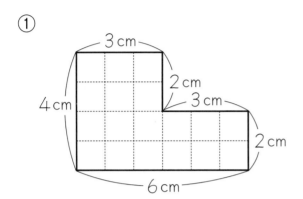

式 $2×3+2×6$
$=6+12$
$=$

答え _____

②

式

答え _____

③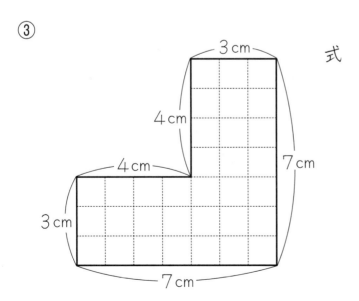

式

答え _____

❀ 次の図のような形の面積を求めましょう。

①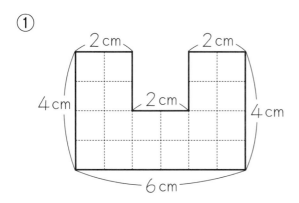

式 $4 \times 6 - 2 \times 2$
$= 24 - 4$
$=$

答え _____

②

式

答え _____

③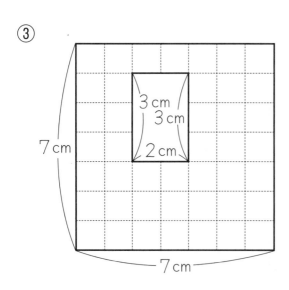

式

答え _____

|辺が|mの正方形の面積を **|平方メートル**（**|m²**）といいます。m²は面積の単位です。

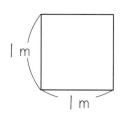

🌸 次の面積を求めましょう。

①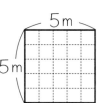

式 5×5＝25

答え _____

②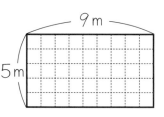

式

答え _____

③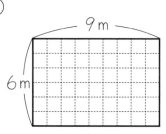

式

答え _____

④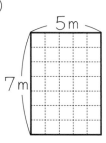

式

答え _____

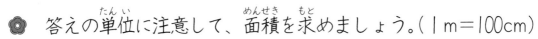

10 面積 ⑦

名前

◎ 答えの単位に注意して、面積を求めましょう。(1m=100cm)

①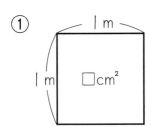

式　100×100＝10000

答え＿＿＿＿＿＿＿＿＿＿

② 600cm　3m　□m²

式　3×6＝

答え＿＿＿＿＿＿＿＿＿＿

③ 200cm　2m　□cm²

式　200×200＝

答え＿＿＿＿＿＿＿＿＿＿

④ 500cm　4m　□m²

式　4×5＝

答え＿＿＿＿＿＿＿＿＿＿

1辺が10mの正方形の面積を 1a（アール）、1辺が100mの正方形の面積を 1ha（ヘクタール）といいます。

1a＝100m²（10m×10m）、1ha＝10000m²（100m×100m）です。

1 次の面積は何aですか。

①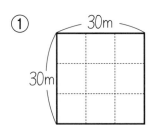

式

答え _____

②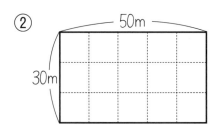

式

答え _____

2 次の面積は何haですか。

①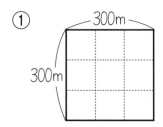

式

答え _____

②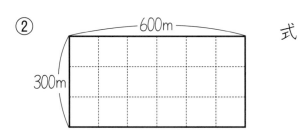

式

答え _____

　|辺が|kmの正方形の面積を **|平方キロメートル**（**|km²**）といいます。

　|km²＝|000000m² です

1　次の面積を求めましょう。（単位はkm²）

①
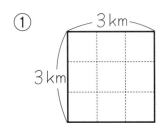
式

答え _____

②
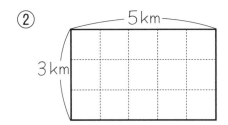
式

答え _____

③
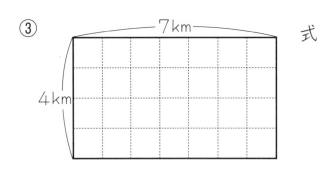
式

答え _____

2　|a＝100m²、|ha＝10000m²に注意して、（　）にあてはまる数をかきましょう。

①　|km²＝（　　　　　　）a

②　|km²＝（　　　　　　）ha

正方形の１辺の長さと面積を表にしました。

正方形の １辺の長さ	１cm	10cm	１m	10m	100m	１km
正方形の 面積	１cm²	100cm²	１m²	１a 100m²	１ha 10000m²	１km²

① 正方形の１辺の長さが、10倍になると、面積は何倍になりますか。

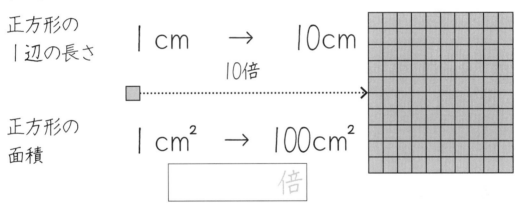

正方形の １辺の長さ	１cm	→	10cm

10倍

正方形の 面積	１cm²	→	100cm²

[　　　　]倍

② 正方形の１辺の長さが、10倍になると、面積の単位はどうかわりますか。

正方形の １辺の長さ	１m	→ 10倍	10m	→ 10倍	100m	→ 10倍	１km
正方形の 面積		→ 100倍		→ 100倍		→ 100倍	

③ □にあてはまる数を答えましょう。

１km² = [　　　　] ha 　　　　 １ha = [　　　　] a

1 次の図の水のかさを答えましょう。

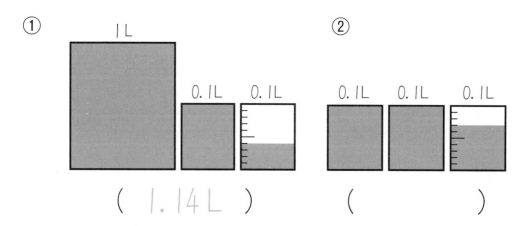

① 1L　0.1L　0.1L
（ 1.14L ）

② 0.1L　0.1L　0.1L
（　　　　　）

2 次の □ にあてはまる数をかきましょう。

① 0.01Lの5こ分は ▢ L です。

② 0.01Lの10こ分は ▢ L です。

③ 0.01Lの12こ分は ▢ L です。

④ 0.05Lは、0.01Lが 5 こ分です。

⑤ 0.1L は、0.01Lが ▢ こ分です。

⑥ 1.01Lは、0.01Lが ▢ こ分です。

1　次の↑のめもりが表す数は何ですか。
　また、1.94と2.06を表すめもりに、それぞれ↑をかきましょう。

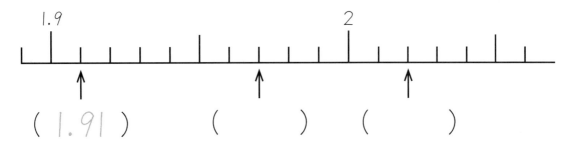

（ 1.91 ）　　（　　　）　（　　　　）

2　次の↑のめもりが表す数は何ですか。

①

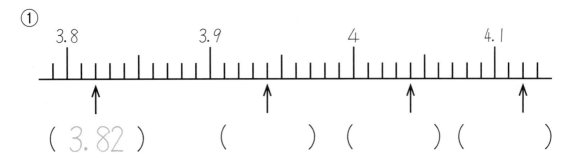

（ 3.82 ）　　（　　　）（　　　）（　　　）

②

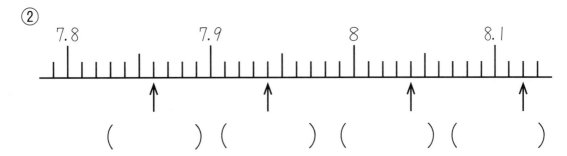

（　　　）（　　　）（　　　）（　　　）

③

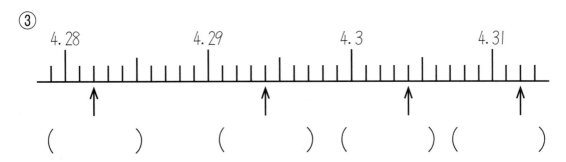

（　　　）　（　　　）（　　　）（　　　）

1 次の（　）にあてはまる数をかきましょう。

① 10 cm ＝ (0.1 m) ② 50 cm ＝ (m)

③ 1 cm ＝ (0.01 m) ④ 3 cm ＝ (m)

⑤ 25 cm ＝ (m) ⑥ 4 cm ＝ (m)

⑦ 332 cm ＝ (m) ⑧ 502 cm ＝ (m)

⑨ 7 m 3 cm ＝ (m)

⑩ 1060 cm ＝ (m)

2 次の（　）にあてはまる数をかきましょう。

① 100 g ＝ (0.1 kg) ② 200 g ＝ (kg)

③ 10 g ＝ (0.01 kg) ④ 50 g ＝ (kg)

⑤ 1 g ＝ (kg) ⑥ 3 g ＝ (kg)

⑦ 927 g ＝ (kg) ⑧ 3208 g ＝ (kg)

⑨ 3 kg 284 g ＝ (kg)

⑩ 5 kg 80 g ＝ (kg)

1 次の数は、1、0.1、0.01、0.001をそれぞれ何こ集めた数ですか。

① 9.786

1を 9 こ、0.1を 7 こ、0.01を 8 こ、0.001を 6 こ

② 2.897

1を □ こ、0.1を □ こ、0.01を □ こ、0.001を □ こ

③ 3.918

1を □ こ、0.1を □ こ、0.01を □ こ、0.001を □ こ

④ 4.309

1を □ こ、0.1を □ こ、0.001を □ こ

⑤ 7.025

1を □ こ、0.01を □ こ、0.001を □ こ

⑥ 8.306

1を □ こ、0.1を □ こ、0.001を □ こ

2 次の□にあてはまる不等号（>、<）をかきましょう。

① 4.203 $<$ 4.31

② 5.203 □ 5.06

③ 8.089 □ 8.092

④ 9.2 □ 9.19

⑤ 6.311 □ 6.31

⑥ 9.38 □ 9.39

1 次の □ にあてはまる数をかきましょう。

① 0.05は、0.01を □ こ集めた数です。

② 3.02は、0.01を □ こ集めた数です。

③ 5と0.34をあわせた数は □ です。

④ 6と0.78をあわせた数は □ です。

⑤ 0.01を26こ集めた数は □ です。

⑥ 0.01を365こ集めた数は □ です。

2 （ ）に数をかきましょう。

① 0.19を10倍にした数 （　　　　　　）

② 0.25を100倍した数 （　　　　　　）

③ 0.245を1000倍した数 （　　　　　　）

④ 47を $\frac{1}{10}$ にした数 （　　　　　　）

⑤ 120を $\frac{1}{100}$ にした数 （　　　　　　）

⑥ 35を $\frac{1}{1000}$ にした数 （　　　　　　）

11 小　数 ⑥ 名前

次の計算をしましょう。

①

```
    2 1.2 3
+     4.5 6
─────────────
    2 5.7 9
```

②

```
    2 6.2 4
+     1.8 8
─────────────
```

③

```
    0.4 3 9
+   0.3 6 4
─────────────
```

④

```
    0.4 8 3
+   8.5 6 2
─────────────
```

⑤

```
    0.1 5 7
+   1.3 6 8
─────────────
```

⑥

```
    1 2.2 5
+     1.2 5
─────────────
```

⑦

```
    1 7.4 7
+     3.7 3
─────────────
```

⑧

```
    0.0 7 4
+   0.6 8 6
─────────────
```

⑨

```
    2 3.9 8
+     6.0 2
─────────────
```

小数点をそろえてかくと、位もそろいます

❀　次の計算をしましょう。

①
```
  1 6.8 5
-    4.3 2
─────────
  1 2.5 3
```

②
```
  1 3.0 3
-    4.8 6
─────────
```

③
```
  1 7.2 4
-    5.9 4
─────────
```

④
```
  1 9.3 3
-    8.6 2
─────────
```

⑤
```
  1 0.5 3
-    1.8 4
─────────
```

⑥
```
  2 0.6 6
- 1 1.8 4
─────────
```

⑦
```
  0.6 3 1
- 0.5 6 4
─────────
```

⑧
```
  4.3 2 7
- 3.2 6 4
─────────
```

⑨
```
  5.4 3 1
- 4.4 3 2
─────────
```

小数で一の位の数がない
ときは、0.〜とかきます

1　水がポットに1.84L、やかんに2.74L入っています。
　　水はあわせて、何Lありますか。

式　1.84 ＋ 2.74 ＝ 4.58

答え＿＿＿＿＿＿＿＿

2　ジュースがポットに1.9L、ペットボトルに1.34L入っています。
　　ジュースはあわせて、何Lありますか。

式

答え＿＿＿＿＿＿＿＿

3　ポットに入った水が10.15Lあります。3.67L使いました。
　　水は何L残っていますか。

式　10.15 － 3.67 ＝ 6.48

答え＿＿＿＿＿＿＿＿

4　タンクに入ったガソリンが、40Lあります。12.34L使いました。
　　ガソリンは何L残っていますか。

式

答え＿＿＿＿＿＿＿＿

◎ 1辺が1cmの正三角形を、図のように1列にならべます。

1こ

2こ

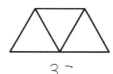
3こ

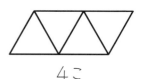
4こ

① 正三角形の数とまわりの長さを表にまとめましょう。

正三角形の数 □ （こ）	1	2	3	4	5	
まわりの長さ ○ （cm）	3	4				

② まわりの長さは、正三角形の数にいくつたしたものですか。

(2)

③ 正三角形の数を□こ、まわりの長さを○cmとして、□と○の関係を式に表しました。正しい式は⑦～⑦のどれですか。

⑦ □＋○＝4　　④ □＋2＝○　　⑦ □×2＝○ (　　)

④ 正三角形の数が7このとき、まわりの長さは、何cmですか。

(　　)

⑤ まわりの長さが16cmのとき、正三角形の数は何こですか。

(　　)

90

1辺が1cmの正方形を、図のように1だん、2だん、……とならべて階だんの形をつくります。

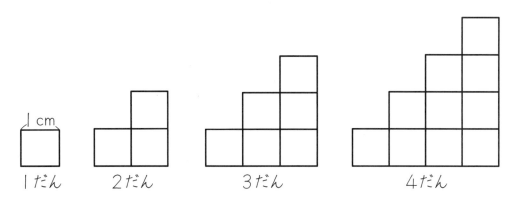

1だん　　2だん　　　3だん　　　　4だん

① だんの数とまわりの長さを表にまとめましょう。

だんの数　　□（だん）	1	2	3	4	5	
まわりの長さ　○（cm）	4	8				

② まわりの長さは、だんの数を何倍したものですか。

（　　　　　　倍）

③ だんの数を□だん、まわりの長さを○cmとして、□と○の関係を式に表しました。正しい式は⑦〜⑦のどれですか。

⑦ □×4＝○　　④ □＋4＝○　　⑦ □−○＝4（　　　　）

④ だんの数が7だんのとき、まわりの長さは、何cmですか。（　　　　　　）

⑤ まわりの長さが40cmのとき、だんの数は何だんですか。（　　　　　　）

91

13 小数のかけ算 ①

1 次の計算をしましょう。

① 0.2 × 6 = 1.2　　② 0.3 × 5 =

③ 0.7 × 9 =　　④ 0.4 × 4 =

⑤ 0.5 × 9 =　　⑥ 0.6 × 7 =

⑦ 0.5 × 4 =　　⑧ 0.8 × 5 =

2 次の計算をしましょう。

①
```
    3.2
×    3
    9.6
```

②
```
    5.3
×    2
```

③
```
    2.4
×    3
```

答えの小数点をわすれずにつけましょう

④
```
    3.7
×    4
```

⑤
```
    1.8
×    6
```

⑥
```
    4.6
×    4
```

⑦
```
    6.7
×    8
```

⑧
```
    4.6
×    7
```

⑨
```
    3.7
×    9
```

次の計算をしましょう。

①
$$
\begin{array}{r}
0.2 \\
\times \quad 3 \\
\hline
0.6
\end{array}
$$

②
$$
\begin{array}{r}
0.9 \\
\times \quad 5 \\
\hline
\end{array}
$$

③
$$
\begin{array}{r}
2.5 \\
\times \quad 4 \\
\hline
\end{array}
$$

④
$$
\begin{array}{r}
0.07 \\
\times \quad 4 \\
\hline
\end{array}
$$

⑤
$$
\begin{array}{r}
0.25 \\
\times \quad 6 \\
\hline
\end{array}
$$

⑥
$$
\begin{array}{r}
0.98 \\
\times \quad 4 \\
\hline
\end{array}
$$

⑦
$$
\begin{array}{r}
17.6 \\
\times \quad 8 \\
\hline
\end{array}
$$

⑧
$$
\begin{array}{r}
31.2 \\
\times \quad 4 \\
\hline
\end{array}
$$

⑨
$$
\begin{array}{r}
52.9 \\
\times \quad 5 \\
\hline
\end{array}
$$

⑩
$$
\begin{array}{r}
2.45 \\
\times \quad 4 \\
\hline
\end{array}
$$

⑪
$$
\begin{array}{r}
1.25 \\
\times \quad 5 \\
\hline
\end{array}
$$

⑫
$$
\begin{array}{r}
4.83 \\
\times \quad 2 \\
\hline
\end{array}
$$

次の計算をしましょう。

①
```
      7.8
  ×   3 5
    3 9 0
  2 3 4
  2 7 3 0
```

②
```
    1 4.5
  ×   2 7
```

③
```
    1 2.3
  ×   3 4
```

④
```
      2.9
  ×   6 5
```

⑤
```
      2.3
  ×   6 4
```

⑥
```
      6.5
  ×   5 2
```

⑦
```
      6.5
  ×   8 4
```

⑧
```
      7.6
  ×   3 4
```

⑨
```
      5.4
  ×   3 8
```

13 小数のかけ算 ④

名前

次の計算をしましょう。

①

		5.	3	1
	×		7	3

②

		7.	2	4
	×		8	6

③

		6.	4	8
	×		6	4

④

		9.	5	6
	×		5	3

⑤

		2.	0	8
	×		6	7

⑥

		6.	0	7
	×		5	8

4.2÷3 の筆算を考えます。

```
    1.4
3 )4.2
   3
   1 2
   1 2
       0
```

・わられる数の小数点をまっすぐ上にあげたところに商の小数点を打つ。

・4の中に3はあるので、商1をたてる。
3×1＝3（かける）、4−3＝1（ひく）

・2を下ろし、12の中に3は4回、商4をたてる。
かける、ひく。

◎ 次の計算をしましょう。

①
```
7 )8.4
```

②

```
8 )9.6
```

③

```
3 )5.7
```

④
```
6 )7.2
```

⑤

```
4 )5.6
```

⑥

```
5 )6.5
```

2.4÷4 の筆算を考えます。

```
    0.6
4)2.4
  2 4
      0
```

• 商の小数点を打つ。
• 2の中に4はないので商0をかく。
• 24の中には4は6回、商6をたて、
  かける、ひく。

✿　次の計算をしましょう。

①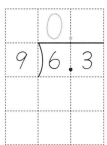

②

③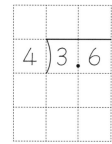

商の小数点
の前の0を
わすれない
ようにしま
しょう

④

⑤ 6)5.4

⑥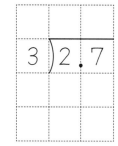

名前

◎ 次の計算をしましょう。

①
```
       6.
  8 ) 5 4.4
```

②
```
  7 ) 5 5.3
```

③
```
  6 ) 4 0.2
```

④
```
  9 ) 6 1.2
```

⑤
```
  4 ) 1 1.2
```

⑥
```
  3 ) 1 0.5
```

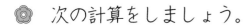
❀ 次の計算をしましょう。

① 　2
　4) 9 3 . 6

② 　3) 7 6 . 2

③ 　7) 8 . 6 1

④ 　6) 8 . 2 8

次の計算をしましょう。

①
```
        1.8
3 6 )6 4.8
      3 6
      2 8 8
      2 8 8
          0
```

②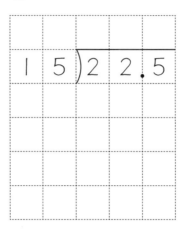

③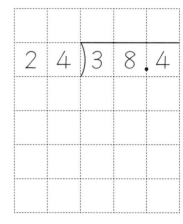

④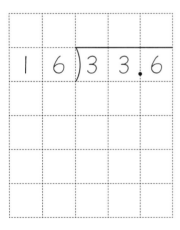

⑤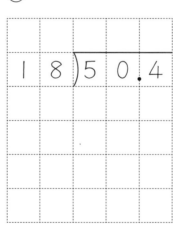

⑥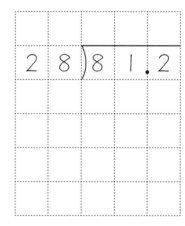

⑦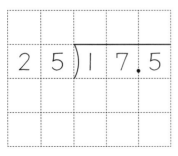

⑧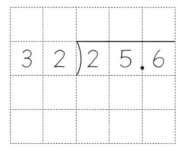

⑨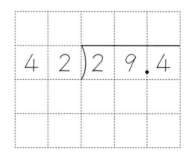

次の計算をしましょう。

①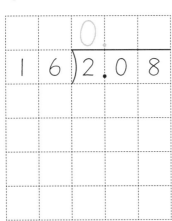

②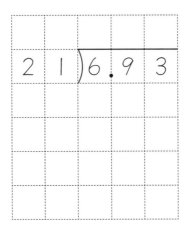

③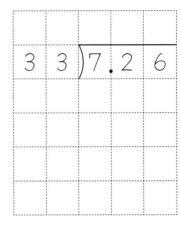

④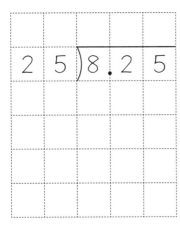

⑤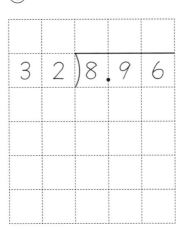

⑥

⑦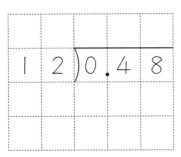

⑧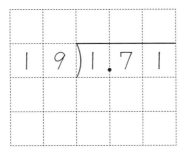

⑨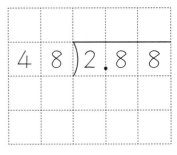

6.1÷3 で、商は一の位まで求め、あまりを出します。

```
    2.
3 )6.1
    6
    0.1
```

- 商の小数点を打つ。
- 6の中に3は2回、商2をたてて、計算する。商は一の位でここまで。
- わられる数の小数点を下に下ろして、あまりは0.1。

❀ 商は一の位まで求め、あまりを出しましょう。

①
```
4 )5.3
```

②
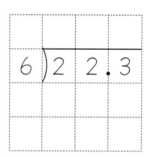
```
6 )2 2.3
```

③
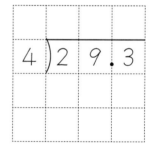
```
4 )2 9.3
```

④
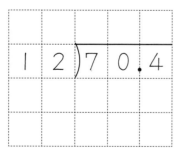
```
1 2 )7 0.4
```

⑤
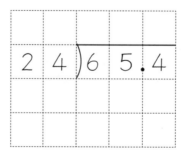
```
2 4 )6 5.4
```

⑥
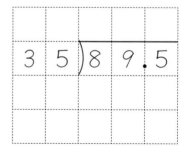
```
3 5 )8 9.5
```

102

❀ わり切れるまで、計算しましょう。

①

```
    1.5
2 )3
    2
    10
    10
     0
```

②

```
2 )5
```

③

```
4 )6
```

0を「つけて」、
「下ろして」
わり進めます

④

```
4 )5
```

⑤

```
4 )25
```

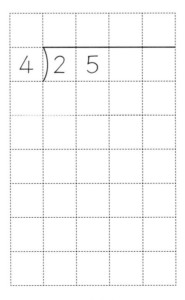

⑥

```
8 )1
```

◎ わり切れるまで、計算しましょう。

①
$$5\ )\ \overline{1.2}$$
0.24
1 0
2 0
2 0
0

②
$$6\ )\ \overline{2.1}$$

③
$$5\ )\ \overline{0.4}$$

④
$$15\ )\ \overline{50.1}$$

⑤
$$36\ )\ \overline{0.9}$$

1 四捨五入して、上から2けたのがい数で求めましょう。

① 4.3$\dot{5}$ → 約4.4　② 2.3$\dot{5}$ →

③ 7.75 →　　　　　④ 4.53 →

⑤ 6.61 →　　　　　⑥ 8.44 →

上から3けた
めを四捨五入

2 11dLのソーダを3人で等分すると、1人分はおよそ何dLになりますか。商は四捨五入して、上から2けたのがい数で求めましょう。

式 11 ÷ 3 =

答え 約＿＿＿＿＿

3 商は四捨五入して、上から2けたのがい数で答えましょう。

①　　　　　　　②　　　　　　　③

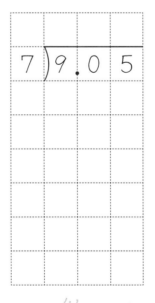

7)9.05

3)4.73

答え 約1.3　　答え 約＿＿　　答え 約＿＿

1　AはBの何倍ですか。

①　A 　　　　

　　B 　　　　

　　　　　　　　　　　　　　　AはBの □ 倍

②　A ├─┼─┼─┼─┤

　　B ├─┤

　　　　　　　　　　　　　　　AはBの □ 倍

③　A ●●●●●●●●●●●●

　　B ●●●

　　　　　　　　　　　　　　　AはBの □ 倍

④　A ■■■■■■■■■■

　　B ■■

　　　　　　　　　　　　　　　AはBの □ 倍

⑤　A ├─┼─┼─┼─┼─┤

　　B ├─┼─┤

　　　　　　　　　　　　　　　AはBの □ 倍

2　AはBの何倍ですか。

①　A 20　B 5

　　　　　　　　　　　　　　　AはBの □ 倍

②　A 30　B 6

　　　　　　　　　　　　　　　AはBの □ 倍

③　A 40　B 5

　　　　　　　　　　　　　　　AはBの □ 倍

1　こどものクジラの体長は4mで、親のクジラの体長は16mです。
　　親のクジラの体長はこどものクジラの体長の何倍ですか。

式

答え＿＿＿＿＿＿＿＿＿

2　こどものウサギの体重は200gで、親のウサギの体重は2000gです。
　　親のウサギの体重はこどものウサギの体重の何倍ですか。

式

答え＿＿＿＿＿＿＿＿＿

3　こどものトラの体重は8kgで、親のトラの体重は72kgです。
　　親のトラの体重はこどものトラの体重の何倍ですか。

式

答え＿＿＿＿＿＿＿＿＿

1　かっていたハムスターは、はじめは4ひきでしたが、今は24ひきいます。

① 今のハムスターの数は、はじめのときの何倍ですか。

式

答え _____

② 4ひきを1とみたとき、24ひきはいくつにあたりますか。

式

答え _____

2　かっていたクロメダカは、はじめは4ひきでしたが、今は48ひきいます。

① 今のクロメダカの数は、はじめのときの何倍ですか。

式

答え _____

② 4ひきを1とみたとき、48ひきはいくつにあたりますか。

式

答え _____

1 親のクジラの身長はこどものクジラの身長の３倍で15mです。
   こどものクジラの身長は何mですか。こどもの身長を□とします。

式 □の式

計算式

答え _____

まとめ   15を３とみたとき、１にあたる大きさは 5 になります。

2 親のキリンの身長はこどものキリンの身長の３倍で600cmです。
   こどものキリンの身長は何cmですか。こどもの身長を□とします。

式 □の式

計算式

答え _____

🌸 2000年と2020年のガムと
チョコのねだんを調べました。

	ガム	チョコ
2000年	20円	40円
2020年	60円	80円

① 2020年のガムのねだんは
2000年のねだんの何倍ですか。

式

2000年	2020年
1	

答え _____

② 2020年のチョコのねだんは
2000年のねだんの何倍ですか。

式

2000年	2020年
1	

答え _____

③ 倍を使ってくらべると、ねだんの上がり方が大きいのは、
どちらといえますか。

答え　ガムは　　倍、チョコは　　倍なので、

_____ の方がねだんの上がり方が大きい

110

1　こどものウマの体重は60kgで、親のウマの体重は900kgです。

　　親のウマの体重はこどものウマの体重の何倍ですか。

式

こども	親
1	

答え _____

2　ファミレスのパスタのねだんは800円で、レストランのパスタのねだんはファミレスのパスタのねだんの4倍です。レストランのパスタのねだんは何円ですか。

式

ファミレス	レストラン
1	

答え _____

3　教科書のページの数はノートの数の3倍で120ページです。

　　ノートのページの数は何ページですか。

式

ノート	教科書
1	

答え _____

◎　次の（　）にあてはまる数をかきましょう。

① $\dfrac{1}{5}$ の3こ分、4こ分はそれぞれ（ $\dfrac{3}{5}$ ）、（ ― ）です。

② $\dfrac{1}{5}$ mの（　　　）こ分は、1mになります。

③ $\dfrac{1}{5}$ mの6こ分、は（ ― ）mです。

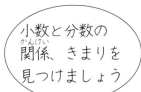
小数と分数の関係、きまりを見つけましょう

④ $\dfrac{1}{10}$ を小数で表すと（　　　）になります。

⑤ $\dfrac{4}{10}$ を小数で表すと（　　　）になります。

⑥ 0.7を分数で表すと（ ― ）になります。

⑦ 1.3を分数で表すと（ ― ）になります。

⑧

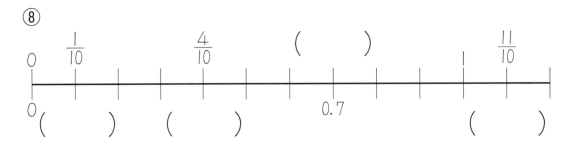

1 次の（　）にあてはまる数をかきましょう。

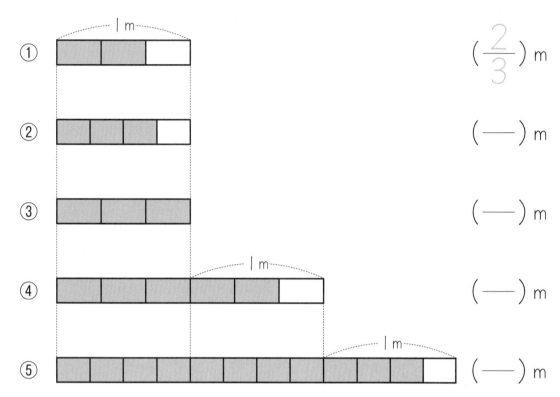

① $\left(\dfrac{2}{3}\right)$ m

② (——) m

③ (——) m

④ (——) m

⑤ (——) m

2 次の図の水のかさを、仮分数と帯分数で表しましょう。

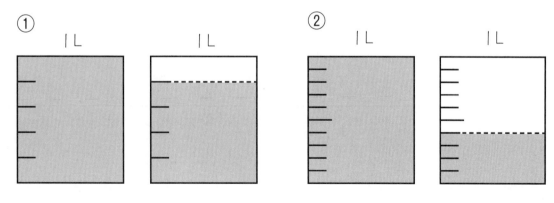

①（仮分数 $\dfrac{9}{5}$ 、帯分数 $1\dfrac{4}{5}$ ）　②（仮分数 ——、帯分数 ——）

次の▼、▲のめもりが表す分数はいくつですか。
仮分数(かぶんすう)は帯分数(たいぶんすう)でも表しましょう。

①

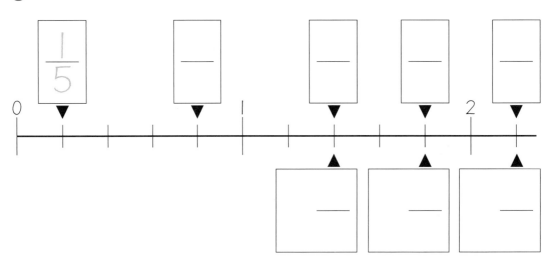

$\dfrac{1}{5}$

②

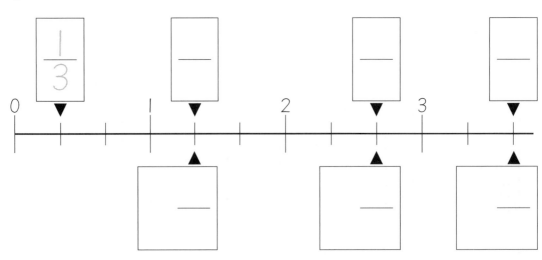

$\dfrac{1}{3}$

16 分 数 ④

名前

1　次の仮分数を帯分数か整数に直しましょう。

① $\dfrac{9}{7} = 1\dfrac{2}{7}$　　② $\dfrac{15}{7} =$

③ $\dfrac{21}{8} =$　　④ $\dfrac{27}{8} =$

⑤ $\dfrac{30}{10} =$　　⑥ $\dfrac{20}{5} =$

⑦ $\dfrac{30}{6} =$　　⑧ $\dfrac{81}{9} =$

仮分数→帯分数はあまりのあるわり算ににています

2　次の帯分数を仮分数に直しましょう。

① $8\dfrac{1}{2} = \dfrac{17}{2}$　　② $7\dfrac{3}{4} =$

③ $9\dfrac{5}{6} =$　　④ $6\dfrac{7}{8} =$

⑤ $8\dfrac{7}{8} =$　　⑥ $5\dfrac{1}{7} =$

⑦ $6\dfrac{3}{8} =$　　⑧ $7\dfrac{5}{6} =$

1　次の分数の大小を、不等号（>、<）を使って表しましょう。

① $1\frac{1}{4}$ $\boxed{>}$ $\frac{3}{4}$　　② $1\frac{2}{5}$ $\boxed{}$ $\frac{4}{5}$

③ $1\frac{1}{3}$ $\boxed{}$ $\frac{2}{3}$　　④ $1\frac{3}{7}$ $\boxed{}$ $\frac{6}{7}$

⑤ $1\frac{1}{5}$ $\boxed{}$ $\frac{9}{5}$　　⑥ $2\frac{3}{9}$ $\boxed{}$ $\frac{30}{9}$

⑦ $2\frac{5}{7}$ $\boxed{}$ $\frac{25}{7}$　　⑧ $3\frac{3}{8}$ $\boxed{}$ $\frac{51}{8}$

2　次の分数の大小を、不等号（>、<）を使って表しましょう。

① $\frac{1}{2}$ $\boxed{>}$ $\frac{1}{3}$　　② $\frac{3}{4}$ $\boxed{}$ $\frac{3}{3}$

③ $\frac{1}{4}$ $\boxed{}$ $\frac{1}{3}$　　④ $\frac{4}{8}$ $\boxed{}$ $\frac{4}{6}$

⑤ $\frac{1}{9}$ $\boxed{}$ $\frac{1}{8}$　　⑥ $\frac{3}{7}$ $\boxed{}$ $\frac{3}{5}$

⑦ $\frac{5}{12}$ $\boxed{}$ $\frac{5}{11}$　　⑧ $\frac{3}{10}$ $\boxed{}$ $\frac{3}{9}$

分子が同じ数のときには分母が小さい方が大きいです

1　次の分数と大きさが同じ分数を、数直線上から答えましょう。

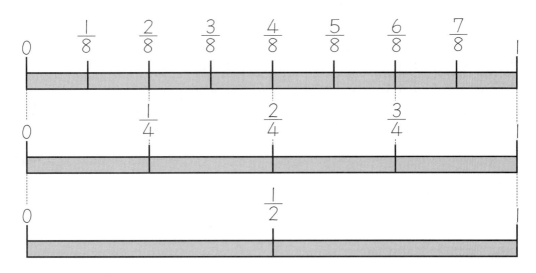

① $\dfrac{1}{2} = \dfrac{2}{4} =$　　　② $\dfrac{1}{4} =$　　　③ $\dfrac{3}{4} =$

2　次の分数と大きさが同じ分数を、数直線上から答えましょう。

分母がちがっても同じ大きさの分数があります

① $\dfrac{1}{3} =$　　　$=$　　　② $\dfrac{2}{3} =$　　　$=$

117

$$\frac{4}{5} + \frac{3}{5} = \frac{7}{5} = 1\frac{2}{5}$$

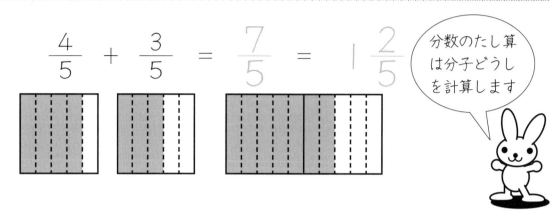

分数のたし算は分子どうしを計算します

◎ 次の計算をしましょう。

① $\frac{2}{3} + \frac{2}{3} = \frac{4}{3} = 1\frac{1}{3}$

② $\frac{3}{4} + \frac{2}{4} =$

③ $\frac{6}{5} + \frac{7}{5} =$

④ $\frac{8}{7} + \frac{9}{7} =$

⑤ $\frac{9}{6} + \frac{7}{6} =$

⑥ $\frac{9}{8} + \frac{10}{8} =$

⑦ $\frac{8}{10} + \frac{9}{10} =$

⑧ $\frac{14}{15} + \frac{13}{15} =$

⑨ $\frac{9}{5} + \frac{11}{5} =$

⑩ $\frac{28}{6} + \frac{26}{6} =$

$$\frac{8}{5} - \frac{4}{5} = \frac{4}{5}$$

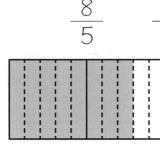

分数のひき算も分子どうしを計算します

❁ 次の計算をしましょう。

① $\dfrac{5}{3} - \dfrac{1}{3} = \dfrac{4}{3} = 1\dfrac{1}{3}$

② $\dfrac{9}{4} - \dfrac{2}{4} =$

③ $\dfrac{9}{5} - \dfrac{7}{5} =$

④ $\dfrac{15}{7} - \dfrac{3}{7} =$

⑤ $\dfrac{9}{6} - \dfrac{2}{6} =$

⑥ $\dfrac{13}{8} - \dfrac{3}{8} =$

⑦ $\dfrac{19}{10} - \dfrac{8}{10} =$

⑧ $\dfrac{14}{9} - \dfrac{1}{9} =$

⑨ $\dfrac{19}{8} - \dfrac{3}{8} =$

⑩ $\dfrac{28}{3} - \dfrac{13}{3} =$

119

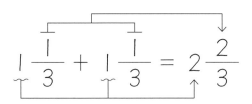

$$1\frac{1}{3} + 1\frac{1}{3} = 2\frac{2}{3}$$

仮分数に
直さずに、
そのまま計算
するやり方
があります

❀　次の計算をしましょう。

① $1\frac{1}{5} + \frac{2}{5} = 1\frac{3}{5}$

② $1\frac{1}{7} + \frac{3}{7} =$

③ $\frac{1}{4} + 2\frac{2}{4} =$

④ $\frac{1}{3} + 2\frac{1}{3} =$

⑤ $2\frac{6}{8} + 1\frac{1}{8} =$

⑥ $1\frac{2}{5} + 2\frac{1}{5} =$

⑦ $1\frac{2}{7} + 1\frac{3}{7} =$

⑧ $2\frac{1}{5} + 2\frac{1}{5} =$

⑨ $1\frac{2}{3} + 1\frac{2}{3} =$

⑩ $1\frac{4}{7} + 3\frac{5}{7} =$

$$2\frac{2}{3} - 1\frac{1}{3} = 1\frac{1}{3}$$

仮分数に直さないと計算できない問題と、そのまま計算できる問題があります

🌸 次の計算をしましょう。

① $1\frac{3}{4} - \frac{2}{4} = 1\frac{1}{4}$

② $2\frac{4}{8} - \frac{3}{8} =$

③ $2\frac{5}{9} - 1\frac{3}{9} =$

④ $3\frac{5}{7} - 1\frac{4}{7} =$

⑤ $1\frac{1}{3} - \frac{2}{3} = \frac{4}{3} - \frac{2}{3}$
$= \frac{2}{3}$

⑥ $1\frac{1}{6} - \frac{6}{6} =$

⑦ $2\frac{1}{5} - 1\frac{4}{5} =$

⑧ $3\frac{4}{7} - 1\frac{5}{7} =$

⑨ $1 - \frac{2}{5} =$

⑩ $4 - 1\frac{2}{5} =$

1 直方体、立方体に共通する部分のよび方をかきましょう。

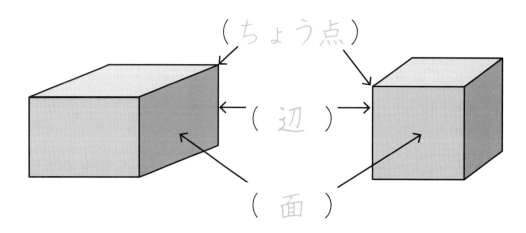

（ちょう点）

（辺）

（面）

2 直方体、立方体の面の数、辺の数、ちょう点の数を調べましょう。

	面の数	辺の数	ちょう点の数
立方体	6	12	8
直方体			

3 次の直方体には、それぞれ何種類の長方形がありますか。

①

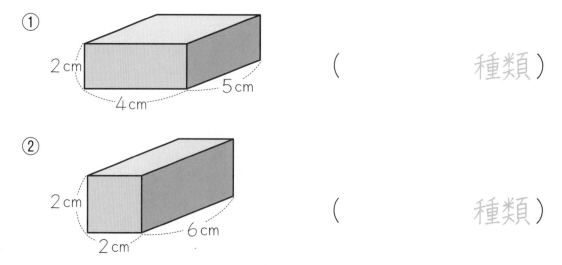

2cm　4cm　5cm

（　　　　種類）

②

2cm　2cm　6cm

（　　　　種類）

122

1 図のような立方体の展開図をかきましょう。

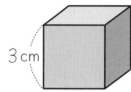

3 cm

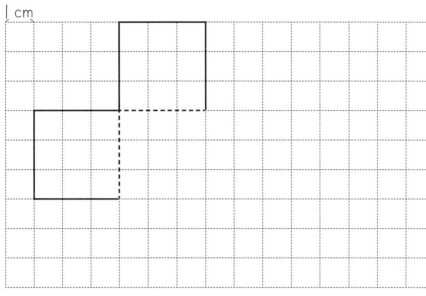

| cm

まず、十字が
たの展開図が
かけるように
なりましょう

2 図のような直方体の展開図をかきましょう。

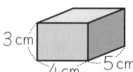

3 cm
4 cm
5 cm

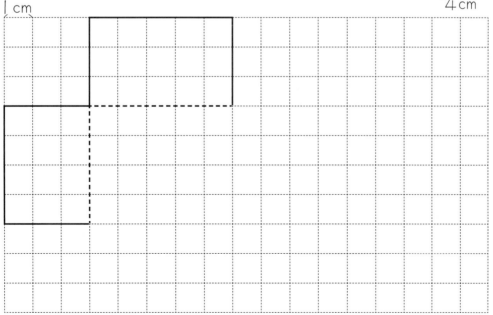

| cm

123

1 次の展開図を組み立てたときに、重なる点、辺を答えましょう。

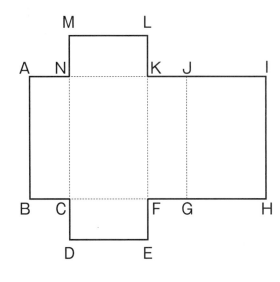

① 点Lと重なる点 （ 点J ）

② 点Aと重なる点

（　　　）（　　　）

③ 辺ANと重なる辺

（ 辺MN ）

④ 辺BCと重なる辺

（　　　　　）

2 次の展開図を組み立てたときに、重なる点、辺を答えましょう。

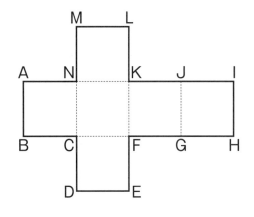

① 点Gと重なる点 （　　　）

② 点Bと重なる点

（　　　）（　　　）

③ 辺ABと重なる辺

（　　　　　）

④ 辺GHと重なる辺 （　　　　　）

⑤ 辺JIと重なる辺 （　　　　　）

1 次の（　）にあてはまる記号を答えましょう。

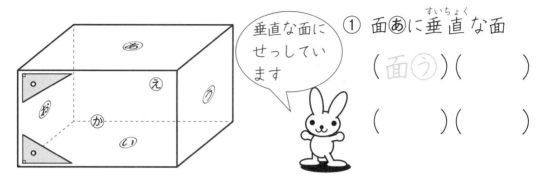

垂直な面に
せっしてい
ます

① 面⑥に垂直な面

(面③)(　　　)

(　　　)(　　　)

② 面⑰に垂直な面 (　　　)(　　　)(　　　)(　　　)

③ 面⑥に平行な面 (面◎)

④ 面③に平行な面 (　　　)

⑤ 直方体には、平行な２つの面が何組ありますか。(　　　)

2 次の展開図を組み立てたときについて答えましょう。

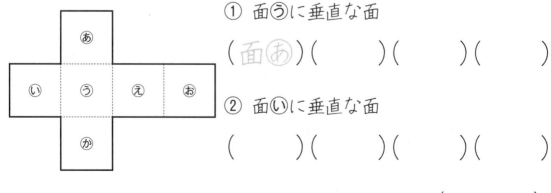

① 面③に垂直な面

(面⑥)(　　　)(　　　)(　　　)

② 面◎に垂直な面

(　　　)(　　　)(　　　)(　　　)

③ 面⑥に平行な面 (　　　)

④ 面◎に平行な面 (　　　)

1 次の（ ）にあてはまる記号を答えましょう。

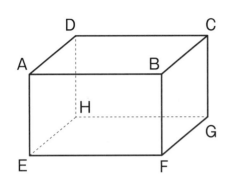

① 点Bを通り、辺BFに垂直な辺

（ 辺AB ）（　　　　　）

② 点Fを通り、辺BFに垂直な辺

（　　　　　）（　　　　　）

③ 辺BFに平行な辺　（ 辺CG ）（　　　　）（　　　　）

④ 辺ABに平行な辺　（　　　　）（　　　　）（　　　　）

⑤ 面EFGHに垂直な辺　（ 辺AE ）（　　　　）

（　　　　）（　　　　）

⑥ 面BFGCに垂直な辺　（　　　　）（　　　　）

（　　　　）（　　　　）

2 次の展開図を組み立てたときについて答えましょう。

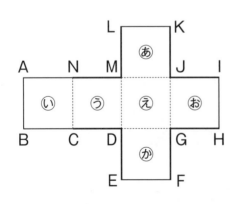

① 辺DGに垂直になる面

（ 面う ）（　　　）

② 辺JGに垂直になる面

（　　　）（　　　）

③ 面えに垂直になる辺は何本
ありますか。　（　　　　）

1 直方体の見取図をかきましょう。

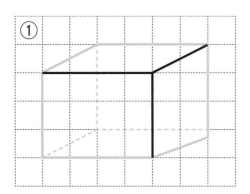

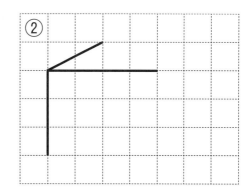

2 立方体の見取図をかきましょう。

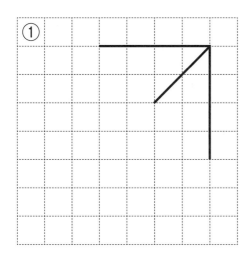

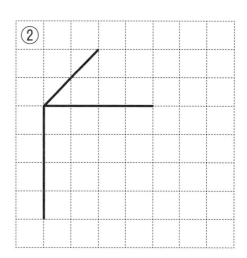

3 図の点Aをもとに、点B、C、Dを横とたての長さで表します。

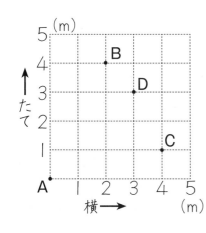

① 点Bの位置（横 2 m、たて 4 m）

② 点Cの位置（横　m、たて　m）

③ 点Dの位置（横　m、たて　m）

④ 点E（横 1 m、たて 3 m）の位置を図にかきましょう。

127

1 図の点Aをもとに、点B、Cを横とたての長さと高さで表します。

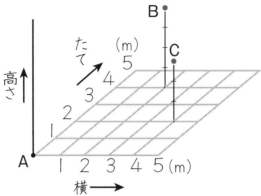

① 点Bの位置 （横 2 m、たて 4 m、高さ 4 m）

② 点Cの位置 （横　m、たて　m、高さ　m）

2 図の点Eをもとに、点A、C、Gを横とたての長さと高さで表します。

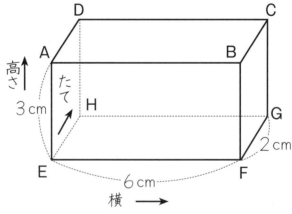

① 点Aの位置 （横 0 cm、たて 0 cm、高さ 3 cm）

② 点Cの位置 （横　cm、たて　cm、高さ　cm）

③ 点Gの位置 （横　cm、たて　cm、高さ　cm）

小学4年生　答え

〔p. 4〕 **1** 折れ線グラフと表 ①

① 横　月

　たて　気温

② 1℃（度）

③ 8℃（度）

④ 5月と10月

⑤ 27℃（度），8月

〔p. 5〕 **1** 折れ線グラフと表 ②

① 2月から8月まで

② 8月から12月まで

③ 1月から2月まで

④ 3月から4月の間

⑤ 8月から9月の間

〔p. 6〕 **1** 折れ線グラフと表 ③

1

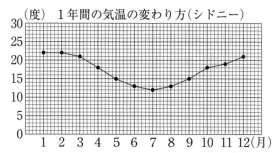

2

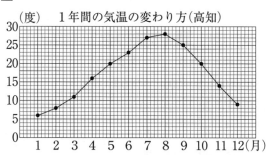

〔p. 7〕 **1** 折れ線グラフと表 ④

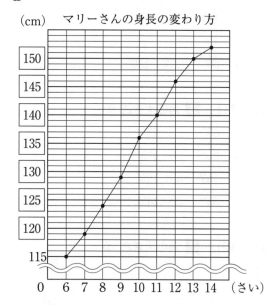

〔p. 8〕 **1** 折れ線グラフと表 ⑤

① 180人

② 34.5℃（度）

③ 110人

〔p. 9〕 **1** 折れ線グラフと表 ⑥

1 ① 4人

② 13人

③ 34人

2 ①

野菜の好ききらい調べ（人）

ナス		トマト				合計
		○		×		
	○	下	3	丁	2	5
	×	丁	2	一	1	3
合計		5		3		8

② 3人

③ 1人

129

〔p. 10〕　**2** 角の大きさ ①

1　①　角度

　　②　180°

　　③　45°

2　①　60°　　②　130°

〔p. 11〕　**2** 角の大きさ ②

　①　65°　②　95°

　③　25°　④　175°

　⑤　165°　⑥　125°

　⑦　35°　⑧　145°

〔p. 12〕　**2** 角の大きさ ③

　①　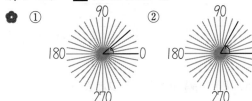

〔p. 13〕　**2** 角の大きさ ④

1　①　90°，1直角

　　②　180°，2直角

　　③　270°，3直角

　　④　360°，4直角

2　①　④

　　②　⑦

〔p. 14〕　**2** 角の大きさ ⑤

　①　200°　②　240°

　③　300°　④　330°

〔p. 15〕　**2** 角の大きさ ⑥

　①　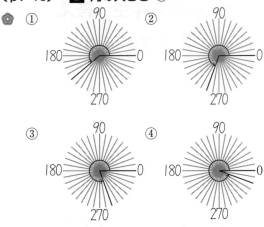

〔p. 16〕　**2** 角の大きさ ⑦

　①　90＋45＝135　　135°

　②　30＋45＝75　　75°

　③　90＋60＝150　　150°

　④　90－45＝45　　45°

　⑤　60－45＝15　　15°

　⑥　90－45＝45　　45°

〔p. 17〕　**2** 角の大きさ ⑧

　①　⑦　30°　④　150°

　②　⑦　20°　④　160°

　③　⑦　35°　④　145°

　④　⑦　40°　④　140°

　⑤　⑦　45°　④　135°

　⑥　⑦　55°　④　125°

〔p. 18〕　**3** わり算の筆算（÷1けた）①

1　80÷4＝20　　20まい

2　600÷3＝200　　200まい

3　①　20　　②　20

　　③　20　　④　40

　　⑤　50　　⑥　50

　　⑦　500　　⑧　800

　　⑨　400　　⑩　600

〔p. 19〕 **3** わり算の筆算(÷1けた) ②

1 42÷3=14 14まい

2 ①   ②   ③

```
    1 5        2 5        1 5
4)6 0      3)7 5      6)9 0
  4          6          6
  2 0        1 5        3 0
  2 0        1 5        3 0
    0          0          0
```

〔p. 20〕 **3** わり算の筆算(÷1けた) ③

1 64÷3=21あまり1

   1人分は21まい、あまり1まい

2 ①   ②   ③

```
    1 6        1 3        1 4
3)5 0      4)5 4      5)7 2
  3          4          5
  2 0        1 4        2 2
  1 8        1 2        2 0
    2          2          2
```

〔p. 21〕 **3** わり算の筆算(÷1けた) ④

① 48 ② 27 ③ 13
④ 24 ⑤ 12 ⑥ 22
⑦ 17 ⑧ 23 ⑨ 26

〔p. 22〕 **3** わり算の筆算(÷1けた) ⑤

① 21あまり2 ② 21あまり1
③ 21あまり2 ④ 22あまり2
⑤ 21あまり1 ⑥ 42あまり1
⑦ 34あまり1 ⑧ 20あまり2
⑨ 20あまり1

〔p. 23〕 **3** わり算の筆算(÷1けた) ⑥

1 ① 和   ② 差
   ③ 積   ④ 商
   ⑤ 差   ⑥ 和
   ⑦ 商   ⑧ 積

2 ① 2×4+1=9
   ② 5×3+1=16
   ③ 7×2+6=20
   ④ 5×19+3=98

〔p. 24〕 **3** わり算の筆算(÷1けた) ⑦

① 146 ② 136 ③ 275
④ 245 ⑤ 227 ⑥ 117

〔p. 25〕 **3** わり算の筆算(÷1けた) ⑧

① 210あまり3 ② 212あまり2
③ 131あまり2 ④ 305あまり1
⑤ 101あまり7 ⑥ 170あまり2

〔p. 26〕 **3** わり算の筆算(÷1けた) ⑨

① 63 ② 64 ③ 86
④ 85 ⑤ 89 ⑥ 48
⑦ 36 ⑧ 31 ⑨ 60

〔p. 27〕 **3** わり算の筆算(÷1けた) ⑩

① 95あまり2 ② 96あまり3
③ 68あまり4 ④ 94あまり1
⑤ 32あまり7 ⑥ 87あまり6
⑦ 98あまり1 ⑧ 98あまり6
⑨ 96あまり4

キリトリ

1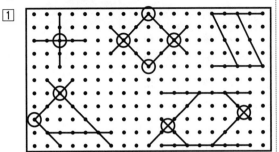

2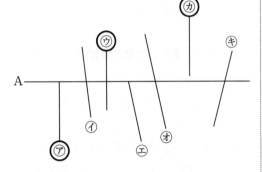

1 ⑦と⑦、①と⑦

2 ① 直線⑦

② 直線①

1 ①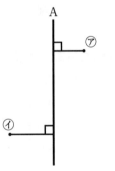

②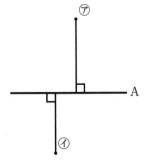

2 ①

1 ①

②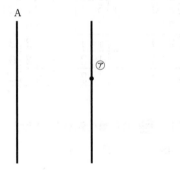

2 ①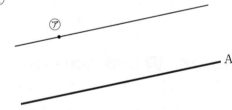

②

132

〔p. 32〕 **4** 垂直と平行 ⑤

1 ① ⑦ 40° ⑦ 140°

② ⑦ 35° ⑦ 145°

③ ⑦ 50° ⑦ 130°

④ ⑦ 60° ⑦ 120°

2 ⑦ 50° ⑦ 130° ⑦ 130°

〔p. 33〕 **4** 垂直と平行 ⑥

1 ⑦ 120° ⑦ 60° ⑦ 60°

㋓ 60° ㋔ 120°

2 ⑦ 65° ⑦ 65° ⑦ 115°

〔p. 34〕 **5** いろいろな四角形 ①

1 しょうりゃく

2 (れい)

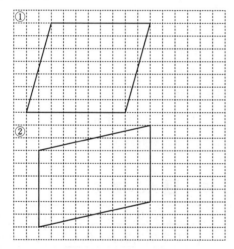

〔p. 35〕 **5** いろいろな四角形 ②

1 ① 辺AD 7 cm

辺CD 5 cm

② 角C 130°

角D 50°

2 ① 8 cm

② 70°

③ 28cm

3 しょうりゃく

〔p. 36〕 **5** いろいろな四角形 ③

1 ① ②

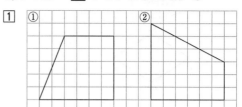

2 ① ②

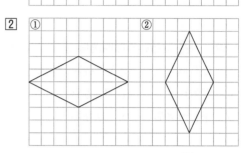

〔p. 37〕 **5** いろいろな四角形 ④

1 ① 5 cm

② 105°

③ 5 × 4 = 20 <u>20cm</u>

2

	辺の長さ	角の大きさ
正方形	全て等しい	全て等しい、90°
ひし形	全て等しい	向かい合う角は等しい

3 ① 辺AB 4 cm

辺CD 4 cm

辺AD 4 cm

② 角A 110° 角D 70°

〔p. 38〕 **5** いろいろな四角形 ⑤

1

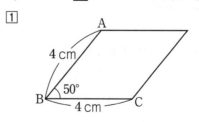

② （れい）

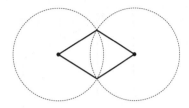

〔p.39〕 **5** いろいろな四角形 ⑥

❀ ① ひし形 ② 平行四辺形
③ 正方形 ④ 正方形
⑤ 平行四辺形 ⑥ ひし形

〔p.40〕 **5** いろいろな四角形 ⑦

❀ しょうりゃく

〔p.41〕 **5** いろいろな四角形 ⑧

❀

四角形の名前 四角形の特ちょう	⑦ 台形	⑦ 平行四辺形	⑦ ひし形	⑦ 長方形	⑦ 正方形
2本の対角線が垂直である			○		○
2本の対角線の長さが等しい				○	○
2本の対角線がそれぞれの真ん中の点で交わる		○	○	○	○
4つの角がみんな直角				○	○
向かい合った2組の辺が平行である		○	○	○	○
4つの辺の長さがみんな等しい			○		○

〔p.42〕 **6** 大きい数 ①

1 ① 百万
② 百
③ 一億二千三百四十五万九千八百七十六
2 ① 七十二億八千六百五十三万三千
② 八十億八千五十万四百三十二

〔p.43〕 **6** 大きい数 ②

1 ① ⑦ 千億の位 ⑦ 千万の位
② 4
③ 一億
2 ① ⑦ 千億の位 ⑦ 千万の位
② 2
③ 百億

3

千	百	十	一	千	百	十	一		千	百	十	一
		億				万						
①			2	6	5	0	0	0	0	0	0	
②				1	0	0	3	9	8	0	0	0	0
③	4	0	5	0	0	0	6	5	0	0	0	0

〔p.44〕 **6** 大きい数 ③

❀ ① 9，8765
② 十兆
③ 百兆
④ 10倍
⑤ 千億
⑥ 一億
⑦ 九兆八千七百六十五億
⑧ 98765000000000

〔p.45〕 **6** 大きい数 ④

1 ① 3000400040000
② 120234101350000
③ 102803030050000

2 ① 200億
② 4321億
③ 5004億
④ 10000
⑤ 6兆40億
⑥ 12兆100億
⑦ 120兆1000億
⑧ 1000兆8000億

〔p.46〕 **6** 大きい数 ⑤

❀ ①

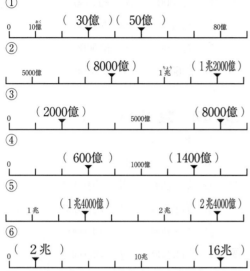

② （ 8000億 ）（ 1兆2000億 ）

③ （ 2000億 ）（ 8000億 ）

④ （ 600億 ）（ 1400億 ）

⑤ （ 1兆4000億 ）（ 2兆4000億 ）

⑥ （ 2兆 ）（ 16兆 ）

⑦ （ 300兆 ）（ 400兆 ）

〔p.47〕 **6** 大きい数 ⑥

1 ① 100億
② 200億
③ 300億
④ 1兆
⑤ 3兆
⑥ 8兆

2 ① 1億
② 4億
③ 8億
④ 1000億
⑤ 5000億
⑥ 8000億

〔p.48〕 **7** わり算の筆算（÷2けた）①

1 $60 \div 20 = 3$　　<u>3人</u>

〔p.49〕 **7** わり算の筆算（÷2けた）②

❀ ① 2　② 3　③ 4
④ 2　⑤ 3　⑥ 2
⑦ 3　⑧ 3　⑨ 4
⑩ 2　⑪ 2　⑫ 2

〔p.50〕 **7** わり算の筆算（÷2けた）③

❀ ① 2あまり2　② 3あまり2
③ 4あまり1　④ 4あまり2
⑤ 2あまり5　⑥ 2あまり1
⑦ 2あまり11　⑧ 3あまり12
⑨ 2あまり15　⑩ 2あまり2
⑪ 3あまり1　⑫ 4あまり4

〔p.51〕 **7** わり算の筆算（÷2けた）④

❀ ① 3　② 4　③ 3
④ 4　⑤ 4　⑥ 2
⑦ 5　⑧ 4　⑨ 5
⑩ 4　⑪ 3　⑫ 3

〔p.52〕 **7** わり算の筆算（÷2けた）⑤

❀ ① 1あまり41　② 3あまり10
③ 2あまり23　④ 1あまり34
⑤ 2あまり15　⑥ 1あまり44
⑦ 3あまり2　⑧ 5あまり4
⑨ 6あまり2　⑩ 2あまり5
⑪ 2あまり23　⑫ 4あまり1

〔p.53〕 **7** わり算の筆算（÷2けた）⑥

❀ ① 7　② 7　③ 5
④ 6　⑤ 6　⑥ 8
⑦ 5あまり1　⑧ 6あまり1
⑨ 6あまり2　⑩ 3あまり3
⑪ 6あまり4　⑫ 6あまり3

〔p. 54〕 **7** わり算の筆算（÷2けた）⑦

- ① 7　② 7　③ 8
- ④ 6　⑤ 7　⑥ 8
- ⑦ 6あまり5　⑧ 9あまり6
- ⑨ 8あまり2　⑩ 9あまり27
- ⑪ 9あまり6　⑫ 9あまり9

〔p. 55〕 **7** わり算の筆算（÷2けた）⑧

- ① 13　② 22　③ 21
- ④ 18　⑤ 24　⑥ 16
- ⑦ 16　⑧ 13　⑨ 17

〔p. 56〕 **7** わり算の筆算（÷2けた）⑨

- ① 17あまり12　② 26あまり1
- ③ 24あまり12　④ 22あまり2
- ⑤ 21あまり6　⑥ 14あまり13
- ⑦ 31あまり14　⑧ 13あまり5
- ⑨ 12あまり20

〔p. 57〕 **7** わり算の筆算（÷2けた）⑩

- ① 40あまり11　② 40あまり10
- ③ 20あまり12　④ 40あまり11
- ⑤ 40あまり14　⑥ 20あまり18

〔p. 58〕 **8** がい数 ①

1　① 約40　② 約50
　③ 約50　④ 約60
　⑤ 約60　⑥ 約70
　⑦ 約70　⑧ 約80
2　① 約100　② 約100
　③ 約200　④ 約200
　⑤ 約500　⑥ 約600
　⑦ 約700　⑧ 約800

3　① 約1000　② 約1000
　③ 約1000　④ 約1000
　⑤ 約2000　⑥ 約4000
　⑦ 約5000　⑧ 約5000
　⑨ 約6000　⑩ 約8000

〔p. 59〕 **8** がい数 ②

1　① 8　② 9
　③ 7　④ 4
2　① 約10000　② 約100000
　③ 約60000　④ 約70000
　⑤ 約50000　⑥ 約70000
3　① 約45000　② 約30000
　③ 約100000　④ 約89000
　⑤ 約31000　⑥ 約85000

〔p. 60〕 **8** がい数 ③

1　① 2　② 8
　③ 3　④ 7
2　① 約300　② 約2000
　③ 約100000　④ 約500000
　⑤ 約900000　⑥ 約2000000
3　① 約350　② 約2400
　③ 約95000　④ 約460000
　⑤ 約950000　⑥ 約2000000

〔p. 61〕 **8** がい数 ④

1　① 25　② 34
2　① 45　② 54
3　145以上155未満

〔p. 62〕 **8** がい数 ⑤

1　① 四捨五入
　② 200＋200＋100＝500　約500円
2　① 四捨五入
　② 1600＋1000＋500＝3100　約3100円

キリトリ キリトリ キリトリ

〔p. 63〕　**8** がい数 ⑥

1　① 切り上げ

　　② $200 + 300 + 500 = 1000$　　　たりる

2　① 切り上げ

　　② $2000 + 2000 + 1000 = 5000$　　　たりる

〔p. 64〕　**8** がい数 ⑦

1　① 切り捨て

　　② $200 + 300 + 500 = 1000$　　　こえる

2　① 切り捨て

　　② $5000 + 3000 + 2000 = 10000$　　　こえる

〔p. 65〕　**8** がい数 ⑧

1　⑦, ㋔, ㋕, ㋖

2　$200 \times 100 = 20000$　　約20000円

3　$40000 \div 40 = 1000$　　約1000円

〔p. 66〕　**9** 計算のきまり ①

1　$500 - (150 + 250) = 100$

　　100円

2　① $500 + 200 = 700$

　　② $1000 + 500 = 1500$

　　③ $500 - 300 = 200$

　　④ $1000 - 600 = 400$

　　⑤ $1000 - 200 = 800$

〔p. 67〕　**9** 計算のきまり ②

　① $300 \times 800 = 240000$

　② $350 \times 20 = 7000$

　③ $25 \times 40 = 1000$

　④ $40 \times 250 = 10000$

　⑤ $500 \div 50 = 10$

　⑥ $300 \div 15 = 20$

　⑦ $100 \div 25 = 4$

　⑧ $400 \div 80 = 5$

〔p. 68〕　**9** 計算のきまり ③

1　$100 - 20 \times 3 = 100 - 60$

　　　　　　　　　$= 40$　　40円

2　① $10 - 6 = 4$

　　② $20 - 12 = 8$

　　③ $30 - 20 = 10$

　　④ $60 + 30 = 90$

　　⑤ $10 + 6 = 16$

〔p. 69〕　**9** 計算のきまり ④

　① $10 - 2 = 8$

　② $18 - 4 = 14$

　③ $3 + 6 = 9$

　④ $2 \times (10 - 2) = 2 \times 8$

　　　　　　　　　$= 16$

　⑤ $3 \times (10 - 7) = 3 \times 3$

　　　　　　　　　$= 9$

　⑥ $(15 - 5) \div 2 = 10 \div 2$

　　　　　　　　　$= 5$

　⑦ $(20 - 10) \div 5 = 10 \div 5$

　　　　　　　　　$= 2$

〔p. 70〕　**9** 計算のきまり ⑤

　① 3　　② 4

　③ 3　　④ 2

〔p. 71〕　**9** 計算のきまり ⑥

　① $37 + 20 = 57$

　② $55 + 40 = 95$

　③ $10 + 2 = 12$

　④ $9 + 6 = 15$

　⑤ $3 \times (4 \times 5) = 3 \times 20$

　　　　　　　　　$= 60$

　⑥ $7 \times (25 \times 4) = 7 \times 100$

　　　　　　　　　$= 700$

　⑦ $6 \times (4 \times 25) = 6 \times 100$

　　　　　　　　　$= 600$

〔p. 72〕 **10** 面 積 ①

① ①が広い

② ① ⑦ 16cm²　　⑦ 13cm²

　　　⑦ 15cm²　　⑤ 12cm²

　② ⑦＞⑦＞⑦＞⑤

〔p. 73〕 **10** 面 積 ②

① ① $2 \times 2 = 4$　　$\underline{4\,cm^2}$

② $3 \times 3 = 9$　　$\underline{9\,cm^2}$

③ $8 \times 8 = 64$　　$\underline{64cm^2}$

④ $10 \times 10 = 100$　　$\underline{100cm^2}$

〔p. 74〕 **10** 面 積 ③

① ① $2 \times 4 = 8$　　$\underline{8\,cm^2}$

② $3 \times 5 = 15$　　$\underline{15cm^2}$

③ $4 \times 6 = 24$　　$\underline{24cm^2}$

④ $8 \times 15 = 120$　　$\underline{120cm^2}$

〔p. 75〕 **10** 面 積 ④

① ① $2 \times 3 + 2 \times 6 = 6 + 12$

　　　　　　　　$= 18$　　$\underline{18cm^2}$

② $2 \times 3 + 3 \times 6 = 6 + 18$

　　　　　　　　$= 24$　　$\underline{24cm^2}$

③ $4 \times 3 + 3 \times 7 = 12 + 21$

　　　　　　　　$= 33$　　$\underline{33cm^2}$

〔p. 76〕 **10** 面 積 ⑤

① ① $4 \times 6 - 2 \times 2 = 24 - 4$

　　　　　　　　$= 20$　　$\underline{20cm^2}$

② $5 \times 6 - 3 \times 2 = 30 - 6$

　　　　　　　　$= 24$　　$\underline{24cm^2}$

③ $7 \times 7 - 3 \times 2 = 49 - 6$

　　　　　　　　$= 43$　　$\underline{43cm^2}$

〔p. 77〕 **10** 面 積 ⑥

① ① $5 \times 5 = 25$　　$\underline{25m^2}$

② $5 \times 9 = 45$　　$\underline{45m^2}$

③ $6 \times 9 = 54$　　$\underline{54m^2}$

④ $7 \times 5 = 35$　　$\underline{35m^2}$

〔p. 78〕 **10** 面 積 ⑦

① ① $100 \times 100 = 10000$　　$\underline{10000cm^2}$

② $3 \times 6 = 18$　　$\underline{18m^2}$

③ $200 \times 200 = 40000$　　$\underline{40000cm^2}$

④ $4 \times 5 = 20$　　$\underline{20m^2}$

〔p. 79〕 **10** 面 積 ⑧

① ① $30 \times 30 = 900\,(m^2) = 9\,(a)$　　$\underline{9\,a}$

② $30 \times 50 = 1500\,(m^2) = 15\,(a)$　　$\underline{15a}$

② ① $300 \times 300 = 90000\,(m^2) = 9\,(ha)$　$\underline{9\,ha}$

② $300 \times 600 = 180000\,(m^2) = 18\,(ha)$　$\underline{18ha}$

〔p. 80〕 **10** 面 積 ⑨

① ① $3 \times 3 = 9$　　$\underline{9\,km^2}$

② $3 \times 5 = 15$　　$\underline{15km^2}$

③ $4 \times 7 = 28$　　$\underline{28km^2}$

② ① 10000　② 100

〔p. 81〕 **10** 面 積 ⑩

① ① 100倍

② $1\,m^2$, $1\,a$, $1\,ha$, $1\,km^2$

③ $1\,km^2 = 100ha$　　$1\,ha = 100a$

〔p. 82〕 **11** 小 数 ①

① ① 1.14L　② 0.27L

② ① 0.05L

② 0.1L

③ 0.12L

④ 5

⑤ 10

⑥ 101

キリトリ　キリトリ　キリトリ

1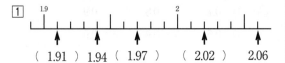

(1.91) 1.94 (1.97) (2.02) 2.06

2 ①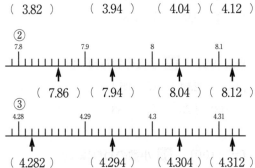

(3.82) (3.94) (4.04) (4.12)

②

(7.86) (7.94) (8.04) (8.12)

③

(4.282) (4.294) (4.304) (4.312)

〔p. 84〕 **11** 小 数 ③

1 ① 0.1m　　② 0.5m
③ 0.01m　④ 0.03m
⑤ 0.25m　⑥ 0.04m
⑦ 3.32m　⑧ 5.02m
⑨ 7.03m　⑩ 10.6m

2 ① 0.1kg　② 0.2kg
③ 0.01kg　④ 0.05kg
⑤ 0.001kg　⑥ 0.003kg
⑦ 0.927kg　⑧ 3.208kg
⑨ 3.284kg　⑩ 5.08kg

〔p. 85〕 **11** 小 数 ④

1 ① 9, 7, 8, 6
② 2, 8, 9, 7
③ 3, 9, 1, 8
④ 4, 3, 9
⑤ 7, 2, 5
⑥ 8, 3, 6

2 ① <　　② >
③ <　　④ >
⑤ >　　⑥ <

〔p. 86〕 **11** 小 数 ⑤

1 ① 5
② 302
③ 5.34
④ 6.78
⑤ 0.26
⑥ 3.65

2 ① 1.9
② 25
③ 245
④ 4.7
⑤ 1.2
⑥ 0.035

〔p. 87〕 **11** 小 数 ⑥

❀ ① 25.79　② 28.12　③ 0.803
④ 9.045　⑤ 1.525　⑥ 13.5
⑦ 21.2　⑧ 0.76　⑨ 30

〔p. 88〕 **11** 小 数 ⑦

❀ ① 12.53　② 8.17　③ 11.3
④ 10.71　⑤ 8.69　⑥ 8.82
⑦ 0.067　⑧ 1.063　⑨ 0.999

〔p. 89〕 **11** 小 数 ⑧

1 1.84+2.74 = 4.58　　4.58L
2 1.9+1.34 = 3.24　　3.24L
3 10.15 − 3.67 = 6.48　　6.48L
4 40 − 12.34 = 27.66　　27.66L

〔p. 90〕 **12** 変わり方 ①

❀ ①

正三角形の数 □（こ）	1	2	3	4	5
まわりの長さ ○（cm）	3	4	5	6	7

② 2　　③ ⑦
④ 9 cm　⑤ 14こ

139

〔p. 91〕 **12** 変わり方 ②

❀ ①

だんの数 □（だん）	1	2	3	4	5
まわりの長さ ○（cm）	4	8	12	16	20

② 4倍

③ ⑦

④ 28cm

⑤ 10だん

〔p. 92〕 **13** 小数のかけ算 ①

1 ① 1.2 ② 1.5

③ 6.3 ④ 1.6

⑤ 4.5 ⑥ 4.2

⑦ 2 ⑧ 4

2 ① 9.6 ② 10.6 ③ 7.2

④ 14.8 ⑤ 10.8 ⑥ 18.4

⑦ 53.6 ⑧ 32.2 ⑨ 33.3

〔p. 93〕 **13** 小数のかけ算 ②

❀ ① 0.6 ② 4.5 ③ 10

④ 0.28 ⑤ 1.5 ⑥ 3.92

⑦ 140.8 ⑧ 124.8 ⑨ 264.5

⑩ 9.8 ⑪ 6.25 ⑫ 9.66

〔p. 94〕 **13** 小数のかけ算 ③

❀ ① 273 ② 391.5 ③ 418.2

④ 188.5 ⑤ 147.2 ⑥ 338

⑦ 546 ⑧ 258.4 ⑨ 205.2

〔p. 95〕 **13** 小数のかけ算 ④

❀ ① 387.63 ② 622.64

③ 414.72 ④ 506.68

⑤ 139.36 ⑥ 352.06

〔p. 96〕 **14** 小数のわり算 ①

❀ ① 1.2 ② 1.2 ③ 1.9

④ 1.2 ⑤ 1.4 ⑥ 1.3

〔p. 97〕 **14** 小数のわり算 ②

❀ ① 0.7 ② 0.8 ③ 0.9

④ 0.6 ⑤ 0.9 ⑥ 0.9

〔p. 98〕 **14** 小数のわり算 ③

❀ ① 6.8 ② 7.9

③ 6.7 ④ 6.8

⑤ 2.8 ⑥ 3.5

〔p. 99〕 **14** 小数のわり算 ④

❀ ① 23.4 ② 25.4

③ 1.23 ④ 1.38

〔p. 100〕 **14** 小数のわり算 ⑤

❀ ① 1.8 ② 1.5 ③ 1.6

④ 2.1 ⑤ 2.8 ⑥ 2.9

⑦ 0.7 ⑧ 0.8 ⑨ 0.7

〔p. 101〕 **14** 小数のわり算 ⑥

❀ ① 0.13 ② 0.33 ③ 0.22

④ 0.33 ⑤ 0.28 ⑥ 0.23

⑦ 0.04 ⑧ 0.09 ⑨ 0.06

〔p. 102〕 **14** 小数のわり算 ⑦

❀ ① 1あまり1.3 ② 3あまり4.3

③ 7あまり1.3 ④ 5あまり10.4

⑤ 2あまり17.4 ⑥ 2あまり19.5

〔p. 103〕 **14** 小数のわり算 ⑧

❀ ① 1.5 ② 2.5 ③ 1.5

④ 1.25 ⑤ 6.25 ⑥ 0.125

〔p. 104〕 **14** 小数のわり算 ⑨

❀ ① 0.24 ② 0.35 ③ 0.08

④ 3.34 ⑤ 0.025

キリトリ

〔p. 105〕 14 小数のわり算 ⑩

1 ① 約4.4　② 約2.4
　③ 約7.8　④ 約4.5
　⑤ 約6.6　⑥ 約8.4

2 $11 ÷ 3 = 3.666\cdots$　　約3.7dL

3 ① 1.26 → 1.3　約1.3
　② 1.29 → 1.3　約1.3
　③ 1.57 → 1.6　約1.6

〔p. 106〕 15 倍の見方①

1 ① 2
　② 5
　③ 4
　④ 5
　⑤ 3

2 ① 4
　② 5
　③ 8

〔p. 107〕 15 倍の見方②

1 $16 ÷ 4 = 4$　　4倍

2 $2000 ÷ 200 = 10$　　10倍

3 $72 ÷ 8 = 9$　　9倍

〔p. 108〕 15 倍の見方③

1 ① $24 ÷ 4 = 6$　　6倍
　② $24 ÷ 4 = 6$　　6

2 ① $48 ÷ 4 = 12$　　12倍
　② $48 ÷ 4 = 12$　　12

〔p. 109〕 15 倍の見方④

1 $□ × 3 = 15$
　$15 ÷ 3 = 5$　　5 m

2 $□ × 3 = 600$
　$600 ÷ 3 = 200$　　200cm

〔p. 110〕 15 倍の見方⑤

① $60 ÷ 20 = 3$
　3 倍

2000年	2020年
20	60
1	3

② $80 ÷ 40 = 2$
　2 倍

2000年	2020年
40	80
1	2

③　ガムは3倍、チョコは2倍なので、
ガムの方がねだんの上がり方が大きい

〔p. 111〕 15 倍の見方⑥

1 $900 ÷ 60 = 15$
　15倍

こども	親
60	900
1	15

2 $800 × 4 = 3200$
　3200円

ファミレス	レストラン
800	3200
1	4

3 $120 ÷ 3 = 40$
　40ページ

ノート	教科書
40	120
1	3

〔p. 112〕 16 分 数 ①

① $\dfrac{3}{5}, \dfrac{4}{5}$
② 5
③ $\dfrac{6}{5}$
④ 0.1
⑤ 0.4
⑥ $\dfrac{7}{10}$
⑦ $\dfrac{13}{10}$
⑧
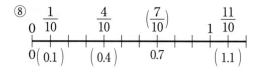

〔p. 113〕 **16** 分 数 ②

① ① $\frac{2}{3}$　② $\frac{3}{4}$　③ $\frac{3}{3}$

　④ $\frac{5}{3}\left(=1\frac{2}{3}\right)$　⑤ $\frac{11}{4}\left(=2\frac{3}{4}\right)$

② ① 仮分数 $\frac{9}{5}$, 帯分数 $1\frac{4}{5}$

　② 仮分数 $\frac{14}{10}$, 帯分数 $1\frac{4}{10}$

〔p. 114〕 **16** 分 数 ③

❀ ①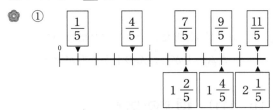

　②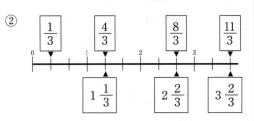

〔p. 115〕 **16** 分 数 ④

① ① $1\frac{2}{7}$　② $2\frac{1}{7}$

　③ $2\frac{5}{8}$　④ $3\frac{3}{8}$

　⑤ 3　⑥ 4

　⑦ 5　⑧ 9

② ① $\frac{17}{2}$　② $\frac{31}{4}$

　③ $\frac{59}{6}$　④ $\frac{55}{8}$

　⑤ $\frac{71}{8}$　⑥ $\frac{36}{7}$

　⑦ $\frac{51}{8}$　⑧ $\frac{47}{6}$

〔p. 116〕 **16** 分 数 ⑤

① ① $>$　② $>$

　③ $>$　④ $>$

　⑤ $<$　⑥ $<$

　⑦ $<$　⑧ $<$

② ① $>$　② $<$

　③ $<$　④ $<$

　⑤ $<$　⑥ $<$

　⑦ $<$　⑧ $<$

〔p. 117〕 **16** 分 数 ⑥

① ① $\frac{1}{2}=\frac{2}{4}=\frac{4}{8}$

　② $\frac{1}{4}=\frac{2}{8}$

　③ $\frac{3}{4}=\frac{6}{8}$

② ① $\frac{1}{3}=\frac{2}{6}=\frac{3}{9}$

　② $\frac{2}{3}=\frac{4}{6}=\frac{6}{9}$

〔p. 118〕 **16** 分 数 ⑦

❀ ① $\frac{4}{3}\left(1\frac{1}{3}\right)$　② $\frac{5}{4}\left(1\frac{1}{4}\right)$

　③ $\frac{13}{5}\left(2\frac{3}{5}\right)$　④ $\frac{17}{7}\left(2\frac{3}{7}\right)$

　⑤ $\frac{16}{6}\left(2\frac{4}{6}\right)$　⑥ $\frac{19}{8}\left(2\frac{3}{8}\right)$

　⑦ $\frac{17}{10}\left(1\frac{7}{10}\right)$　⑧ $\frac{27}{15}\left(1\frac{12}{15}\right)$

　⑨ $\frac{20}{5}\,(4)$　⑩ $\frac{54}{6}\,(9)$

〔p. 119〕 **16** 分 数 ⑧

❀ ① $\frac{4}{3}\left(1\frac{1}{3}\right)$　② $\frac{7}{4}\left(1\frac{3}{4}\right)$

　③ $\frac{2}{5}$　④ $\frac{12}{7}\left(1\frac{5}{7}\right)$

　⑤ $\frac{7}{6}\left(1\frac{1}{6}\right)$　⑥ $\frac{10}{8}\left(1\frac{2}{8}\right)$

　⑦ $\frac{11}{10}\left(1\frac{1}{10}\right)$　⑧ $\frac{13}{9}\left(1\frac{4}{9}\right)$

　⑨ $\frac{16}{8}\,(2)$　⑩ $\frac{15}{3}\,(5)$

〔p. 120〕 **16** 分 数 ⑨

❀ ① $1\frac{3}{5}$　② $1\frac{4}{7}$

　③ $2\frac{3}{4}$　④ $2\frac{2}{3}$

　⑤ $3\frac{7}{8}$　⑥ $3\frac{3}{5}$

　⑦ $2\frac{5}{7}$　⑧ $4\frac{2}{5}$

　⑨ $3\frac{1}{3}$　⑩ $5\frac{2}{7}$

〔p. 121〕 **16** 分 数 ⑩

❀ ① $1\frac{1}{4}$　② $2\frac{1}{8}$

③ $1\frac{2}{9}$　④ $2\frac{1}{7}$

⑤ $\frac{2}{3}$　⑥ $\frac{1}{6}$

⑦ $\frac{2}{5}$　⑧ $1\frac{6}{7}$

⑨ $\frac{3}{5}$　⑩ $2\frac{3}{5}$

〔p. 122〕 **17** 直方体と立方体 ①

①

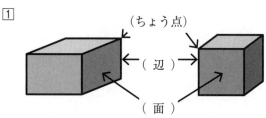

（ちょう点）

（ 辺 ）

（ 面 ）

②

	面の数	辺の数	ちょう点の数
立方体	6	12	8
直方体	6	12	8

③ ① 3種類

② 2種類

〔p. 123〕 **17** 直方体と立方体 ②

①

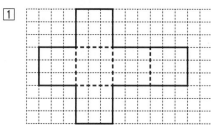

②

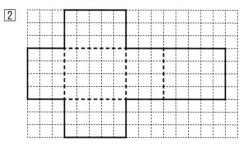

〔p. 124〕 **17** 直方体と立方体 ③

① ① 点J

② 点M，点 I

③ 辺MN

④ 辺DC

② ① 点E

② 点D，点H

③ 辺 I H

④ 辺ED

⑤ 辺ML

〔p. 125〕 **17** 直方体と立方体 ④

① ① 面⑤，面⑥，面⑥，面⑥

② 面⑥，面⑤，面⑥，面⑥

③ 面⑥

④ 面⑥

⑤ 3組

② ① 面⑥，面⑥，面⑥，面⑥

② 面⑥，面⑤，面⑥，面⑥

③ 面⑥

④ 面⑥

〔p. 126〕 **17** 直方体と立方体 ⑤

① ① 辺AB，辺BC

② 辺EF，辺FG

③ 辺CG，辺DH，辺AE

④ 辺EF，辺HG，辺DC

⑤ 辺AE，辺BF

　辺CG，辺DH

⑥ 辺AB，辺EF

　辺HG，辺DC

② ① 面⑤，面⑥

② 面⑥，面⑥

③ 4本

1　①②（れい）

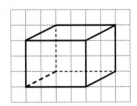

2　①②（れい）

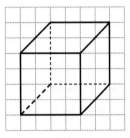

3　①　横2m, たて4m

②　横4m, たて1m

③　横3m, たて3m

④

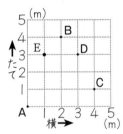

1　①　横2m, たて4m, 高さ4m

②　横4m, たて2m, 高さ3m

2　①　横0cm, たて0cm, 高さ3cm

②　横6cm, たて2cm, 高さ3cm

③　横6cm, たて2cm, 高さ0cm

キ
リ
ト
リ

キ
リ
ト
リ

キ
リ
ト
リ